’99年、ネットショップとして産声をあげた「ハードコアチョコレート」、通称コアチョコ。映画やプロレス、漫画にアニメ、特撮…更には萌えまで。コアな題材を次々発表し、“過激だけどクール”で洗練されたデザインで国内外に大量の中毒者を発生させた。そんなコアチョコも昨年でブランド設立20周年。そこでコアチョコのTシャツデザインを総ざらい、とは諸事情でいかないが、2003〜2019年制作デザインの中から厳選611作をご紹介。さらにデザイナー／代表のMUNE氏が制作の裏話まで明かす、マニア垂涎の一冊に仕上がっている！ このTシャツは着るだけではない。観て、語れる。アパレル界の悪童の仕事ぶりを、その目で確認せよ！

contents

movie

映画

映像をTシャツに落とし込む際、作り手のセンスが一番問われるのが「映画」だ。MUNE氏の“映画愛”が溢れすぎた作品群には、残虐ホラー映画に始まり、知名度ゼロに等しいマニア映画、さらには東映・東宝・日活、お隣の韓国映画にハリウッド映画まで。違法アップロードより危険な1枚を見よ！

01 爆裂都市 BURST CITY（ワイルド・スーパーマーケットレッド）

01石井聰亙監督による'80年代の伝説的ニュー・ウェーブパンク映画「爆裂都市」。左のバトル・ロッカーズのコマンド佐々木こと陣内孝則の睨みでわかるように、顔半分の画像の「絵力」が強かった（この写真は映画のポスターで使用されたもの）。だからデザインのメインに据えて、横のアイコンは予告編やポスター等から集めて構成。思い入れが強く、赤と黄のバージョンを作ったほど好きな1枚。

02〜04主人公以外にも登場人物が力を持っていたり、ファンがいる場合はシリーズ化もできる。「爆裂都市」は第一弾のコマンド佐々木のデザインが完璧に決まったことで、人物写真を変えるだけでも十分に勝負できた。コアチョコではシリーズ4枚、帽子も2種類出すことになり、爆裂都市＝コアチョコの印象付けに成功。と言っても、こんなに出すのはウチぐらいだけどね（笑）。

02 爆裂都市 BURST CITY（菊川ゴールド）

03 爆裂都市 BURST CITY（黒沼ブルー）

04 爆裂都市 BURST CITY（キ○ガイ兄弟グレー）

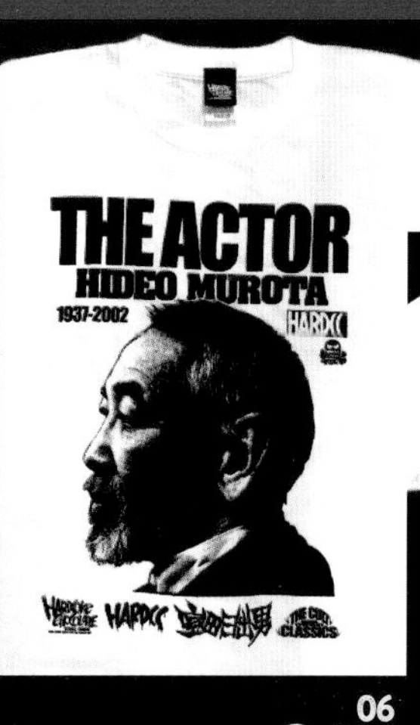

05 THE ACTOR HIDEO MUROTA（THE 役者 室田日出男）

06 ピラニア軍団 ダボシャツの天（川谷拓三ホワイト）

07 河内のオッサンの唄（川谷拓三ブラック）

08 懲役太郎 まむしの兄（MAMUSHI BROTHERS）

09 バカ政ホラ政トッパ政

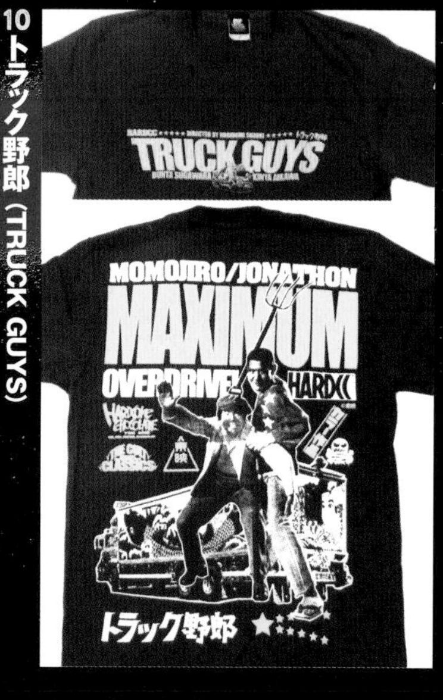

10 トラック野郎（TRUCK GUYS）

11 県警対組織暴力（COPS VS. THUGS）

12 悪魔が来りて笛を吹く（DEVIL'S FLUTE）

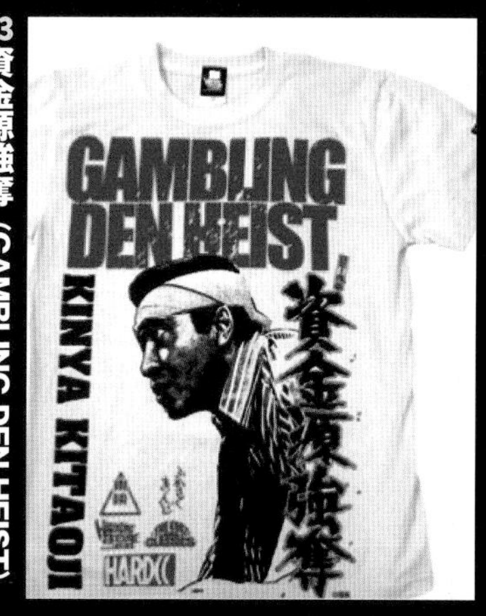

13 資金源強奪（GAMBLING DEN HEIST）

06～07昭和を代表する“個性俳優”川谷拓三。彼のTシャツを出すなんてウチしかありませんよ（笑）。息子さんのところまで許諾を取りに行き、東映に素材をもらったら、もう最高の写真しかない。包丁振りかざして鶏を抱えてるなんて、現代映画ではなかなか難しい。あえて選ぶからインパクトを生む。

東映は'60年代の任侠路線、'70年代の実録路線はもちろん、「女番長」や「女囚さそり」シリーズなど女性を主役にした"ピンキー路線"も外せない。その中でも19の杉本美樹主演なんて、なかなかTシャツにするブランドはない。だって内容が芸者のSEX勝負ですから（笑）。17・18に比べてプリントサイズが大きいのは、シルクスクリーン版の"大版"を使っているから。このエグいデザインも着てみろ！ という挑戦でもある。

14 東映Vシネマ25周年―V CINEMA RETURNS（シネアストブラック）

15 暴動島根刑務所 PRISON RIOT―松方弘樹―（囚人ブラック）

16 北陸代理戦争 PROXY WAR IN HOKURIKU―松方弘樹―（実録スミカラー）

17 女番長ブルース―GIRL BOSS BLUES―（池玲子）

18 不良姐御伝 猪の鹿お蝶―SEX & FURY―（池玲子）

19 杉本美樹×ハードコアチョコレート 温泉スッポン芸者（喰いつきアプリコット）

20 杉本美樹×ハードコアチョコレート 女番長（感化院脱走ブラック）

21 魔界転生（ELOIM ESSAIM）―室田日出男

22 魔界転生―佳那晃子―（SAMURAI REINCARNATION）

18の「不良姐御伝 猪の鹿お蝶」は実は10年近く前に、インディーズ音楽レーベルのULTRA-VYBEとコラボで出したことがある。前回はブラックボディに白のプリントで、今回はホワイトボディに黒で違いをみせている。両作品に共通性を持たせたいので、使うフォントや素材は一緒。17〜20コアチョコは「強い女を描く」というテーマがあるから、デザインも暴力的。でも、今古い作品を見たら「もうちょっとできたな…」という気持ちが芽生えてくる。17・18なんてバストアップでも良かったかな、って（苦笑）。

23 仁義なき戦い(BATTLES WITHOUT HONOR AND HUMANITY)

24 仁義なき戦い 完結篇(HUMANITY FINAL EPISODE)

25 仁義なき戦い 広島死闘篇(DEADLY FIGHT IN HIROSHIMA)

26 仁義なき戦い 代理戦争 ─成田三樹夫─

27 仁義なき戦い 頂上作戦(POLICE TACTICS)─金子信雄─

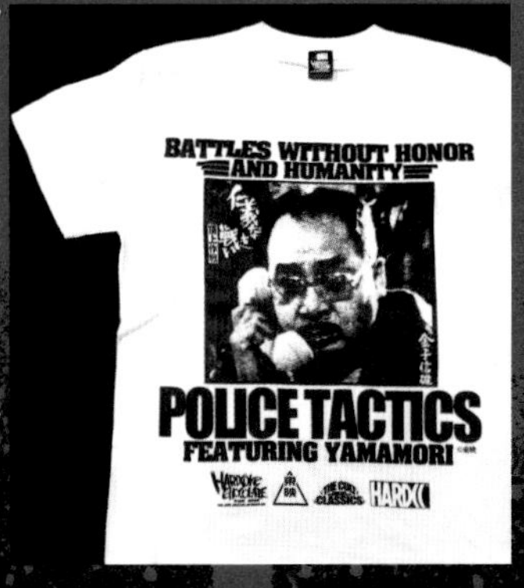

28 仁義なき戦い 完結篇 HUMANITY FINAL EPISODE ─松方弘樹─(流血抗争ホワイト)

29 最も危険な遊戯(44マグナムヘザーブラック)

30 処刑遊戯(オールドクロウブラック)

31 殺人遊戯(コルト・ガバメントM1911ブラック)

23〜28「仁義なき戦い」は鉄板作品。26成田三樹夫、27金子信雄を作るも、No.2のポジションの松方弘樹さんは欠かせない。なかなか許可が下りなくて、何年もアプローチを続けた。長くTシャツを作り続ける中で、新たなコネも生まれて松方事務所と繋がって、許諾が下りた時は嬉しかった。松方さんは作品毎に役が違い、何度も作品を観直す中で、やっぱり完結編が一番ヤバい。28の表情も最高でしょ？ ココで“仁義”のロゴを大きくしたら、ただのヤクザ映画のTシャツ。着れる1枚に仕上げるために、あえて「FINAL EPISODE」を大きくした思い出が深い。29〜31KADOKAWAさんと繋がってたくさんTシャツを作らせてもらう中で、ようやく松田優作の許諾が下りた。ファンも多いので売れるけど、デザインの元になる素材(画像)が少なすぎたのは参りましたね。そのぶんロゴや画像の配置など工夫を凝らした作品です。

32 千葉真一×ハードコアチョコレート 殺人拳2（驚異！ 強敵猛襲！ ホワイト）

33 千葉真一×ハードコアチョコレート 激突！ 殺人拳（剣塚磨ブラック）

34 千葉真一×ハードコアチョコレート 子連れ殺人拳（斬捨てバーガンディ）

35 千葉真一×ハードコアチョコレート 少林寺拳法（俺の"拳"で裁きホワイト）

32〜35日本を代表する国際的アクションスターといえば、やっぱり千葉真一。アクションはもちろん、顔でも"魅せる"役者さんだから、配給会社からもらった写真はどれも迫力十分。殺人拳シリーズは代表作なので一番最初に作った。中でも意識したのは"海外で売っていそうなデザイン"。だから海外の洋題「The Street Fighter」を中央に据えながらも、日本語の"殺人"にもインパクトを持たせる。ほら、日本映画好きの外国人が着ていそうでしょ？（笑）。これを日本人が着ると、またオシャレに感じる妙がある。

36 志穂美悦子×ハードコアチョコレート　女必殺拳（乱花血殺ブラック）

37 志穂美悦子×ハードコアチョコレート 帰ってきた女必殺拳（女ドラゴンホワイト）

38 ビー・バップ・ハイスクール 高校与太郎哀歌（ボンタン狩りブラック）

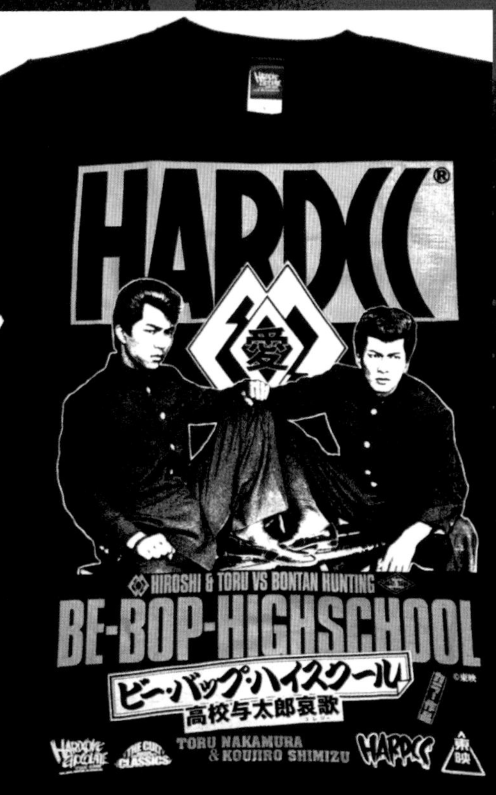

39 ビー・バップ・ハイスクール　高校与太郎完結篇　―ヒロシ―（火の玉ヘザーブラック）

36〜37ジャパンアクションクラブ出身の女優・志穂美悦子さん。前出の千葉さんと同じく、海外でもSue Shiomiの名称で活躍していたから、この37も「帰ってきた女必殺拳」はあえて小さくして、洋題を大きくする方式に。「主演 志穂美悦子」の部分は、予告編映像をキャプチャーしてトリミングしている。こういう小さな作業が、デザイン性を上げて、作品ファンに喜ばれる。そして東映作品には「カラー作品」のロゴを必ず入れている。これが当時熱狂していた人たちの思い出に響く。

40 ビー・バップ・ハイスクール 高校与太郎哀歌 —藤本輝夫—（ハンティングブラック）

41 ビー・バップ・ハイスクール 高校与太郎行進曲 —前川新吾—（スカーフェイスブラック）

42 ビー・バップ・ハイスクール 高校与太郎狂騒曲 —柴田&西—（デンジャラスコンビブラック）

43 ビー・バップ・ハイスクール 高校与太郎狂騒曲 —トオル—（狂犬病ヘザーブラック）

44 ビー・バップ・ハイスクール 高校与太郎完結篇（FINAL BATTLE ホワイト）

45 ビー・バップ・ハイスクール —ヘビ次—（スネイクブラック）

46 宇宙からのメッセージ ロクセイア12世 —成田三樹夫—

47 宇宙からのメッセージ（Message from Space）ロゴT

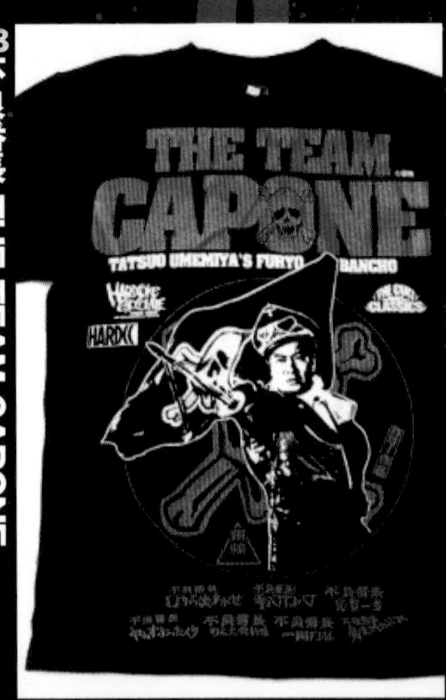

48 不良番長 THE TEAM CAPONE（梅宮辰夫）

movie

38～45「ビー・バップ・ハイスクール」は友達の家に集まり何度も観た、本当に自分のひとつの青春。コアチョコを立ち上げてからTシャツにしたいという思いはありながら、タイミングをずっと見極めていた。ただ、許諾を取れるかがポイントだった。仲村トオルさんにとっては黒歴史かな？と勝手に思っていたら、すんなり受け入れてくれた。43みたいなインパクトのある1枚も、普通なかなかOKしないじゃん。器がデカいな、と感心させられた。発売したら売れ行きが好調で、芸人・野性爆弾のくっきー！さんも着てくれたのは大きい。テレビのプロモーションが大きく、「何だあのTシャツは？」となるから。ココには載ってないけど、第二弾では的場浩司さんもリリースしたり。本当にファンにも、演者にも愛されて嬉しいシリーズ。

49 不良番長ーDYNAMITE ROCKー（梅宮辰夫）

50 不良番長ーWOLVES OF THE CITYー（梅宮辰夫）

日活

01 月曜日のユカーONLY ON MONDAYSー（加賀まりこ）

02 殺しの烙印ーBRANDED TO KILLー（宍戸錠＆真理アンヌ）

03 女子学園 悪い遊びーBAD HABITー（夏純子）

04 女番長 野良猫ロックーSTRAY CAT ROCKー（和田アキ子）

日本一歴史の古い映画制作会社「日活」。コラボが決まったときに、素材が残っている作品をいくつか見せてもらった中に01「月曜日のユカ」があった。加賀まりこ主演。上流ナイトクラブのユカのお洒落な映画として、今なお愛される名作。写真素材の中に良い1枚があったので、頭の中ですぐにデザインが完成した。ちょっとコアチョコっぽくないでしょ？ こういう幅も見せたかった（笑）。版の数が増えれば印刷代は高くなるけど、映画タイトルだけ白文字にするのは妥協できませんでしたね。白文字を他の部分に使うのもダメで、そこはセンスですね。日活さんの古い作品は素材がないこともあり苦労しました。でも、諦めずに古本屋等を巡り資料を探し、例えば映画雑誌に載っている1枚でもあれば交渉。カメラマンさんがご存命ではない場合もあり、そこの許諾は難航したり。04「女番長」は正直ヒステリックグラマーを意識したデザイン。ヒスは外国人女性が多いけど、ウチは和田アキ子さんという（笑）。

KADOKAWA

01 犬神家の一族（THE INUGAMI FAMILY）

02 戦国自衛隊（G.I. Samurai）ロゴT

03 蘇える金狼（スカンジナビアヘザーブラック）

04 野獣死すべし（リップ・バン・ウィンクルブラック）

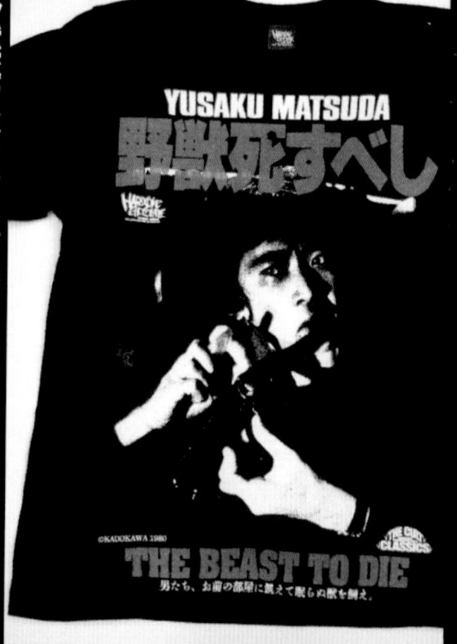

01KADOKAWA40周年の映画祭の時に、Tシャツ制作のオファーがきて交流が始まりました。やるなら「犬神家の一族」で、日本映画屈指のキャラクターのスケキヨ。映画を観ればわかるけど、実はこれスケキヨに化けた青沼静馬。ファンの中にはこの1枚をみて「ここはロゴに静馬と入れなきゃおかしいだろ！」と突っ込む人もいるけど、そんなネタバレして歩きたくない（笑）。バックプリントには水から足が出ている代表的なシーンに加えて、実は家系図も地味に載っけている。今見ても完成度は非常に高く、他ブランドも真似できないのでは？　「犬神家の一族」はコアチョコ最大のヒット作のひとつで、今も売れ続けている。

05 ガメラ3 邪神〈イリス〉覚醒

06 大魔神（MAJIN）

07 大怪獣決闘 ガメラ対バルゴン

08 人間の証明（PROOF OF THE MAN）

その他の邦画

01 勝新太郎&中村玉緒 ―HATEFUL LOVE―（憎いほどに愛してる）

05・07昭和ガメラ、平成ガメラのTシャツを作ることになり、共にインパクト重視で“一番凶悪な顔”を選んだ。立ち姿が格好いいから、シンプルにコアチョコロゴで構成。裏面は後ろ姿と文字・ロゴを全て反転させるアイデアも。01勝新太郎さんの肖像権の管理会社から、たくさん素材を貰う中にプライベートショットも混ざっていて、他ブランドが絶対出さないであろう中村玉緒さんとの写真を題材に。この写真、本当は二人の距離がちょっと離れてるんですけど、くっつけて1枚に。ちゃんと玉緒さんの事務所からも許諾は貰ってます。すったもんだあった夫婦が、こうやって笑いあって1枚の絵に収まるのがいい。二人とも表情がまた素敵だから、「HATEFUL LOVE」（憎らしいほどに愛してる）というタイトルに

02 THE MAN SHINTARO KATSU（THE 人間 勝新太郎）

03 勝新太郎 ‒ GUTS コルトガバメント M1911

04 勝新太郎 ‒ THE BLIND OUTLAW ‒（天下の嫌われ者ブラック）

05 勝新太郎 ‒ THE BLIND OUTLAW ‒（裏街道ホワイト）

06 勝新太郎 ‒ THE BLIND OUTLAW 2016 ‒（天下の嫌われ者ブラック）

07 音量を上げろタコ！ LOUDER!（爆音ブラック）

movie

02〜06契約上で「座頭市」の言葉が使えなかった。その中でいかに雰囲気を出すか考えて、俺の手書きの「THE BLIND OUTLAW」と“勝新太郎”の文字。役者本人が持つ荒々しさと繊細さを、上手く表現できたと思う。勝さんは絵になりすぎる大スターなので、写真1枚で見せ、あとはシンプルな構成に。これも芸人さんたちが着てくれたお陰で、テレビプロモーション効果で売れましたね。

08 TOO YOUNG TO DIE! 若くして死ぬ "地獄図(ヘルズ)"Tシャツ(キラーP)

09 Zアイランド(ヤバイヤバイデッドグリーン)

10 お姉チャンバラ

11 若松孝二

08映画の本編で使われる小道具として依頼を受けて、映画担当スタイリスト伊賀大介さんのアイデアを、ほぼ100%叶えた1枚。映画内容は"地獄×メタル"だったから図書館で鬼の勉強したり、メタルTシャツも調べたりしました。「地獄図」の"図"はウチのロゴが隠れているのがポイント。完成映画の試写会に訪れた時に、スクリーンの中の有名俳優たちが、俺のデザインしたTシャツを着ていたのは本当に感動した。映画本編でのTシャツのカラーは赤で、コアチョコ販売用はピンクとブルーに。地獄図は一瞬で完売だけど、実はスタッフ専用Tも存在し、HELLSのところに「宮藤組」の文字が入ってるのもある。

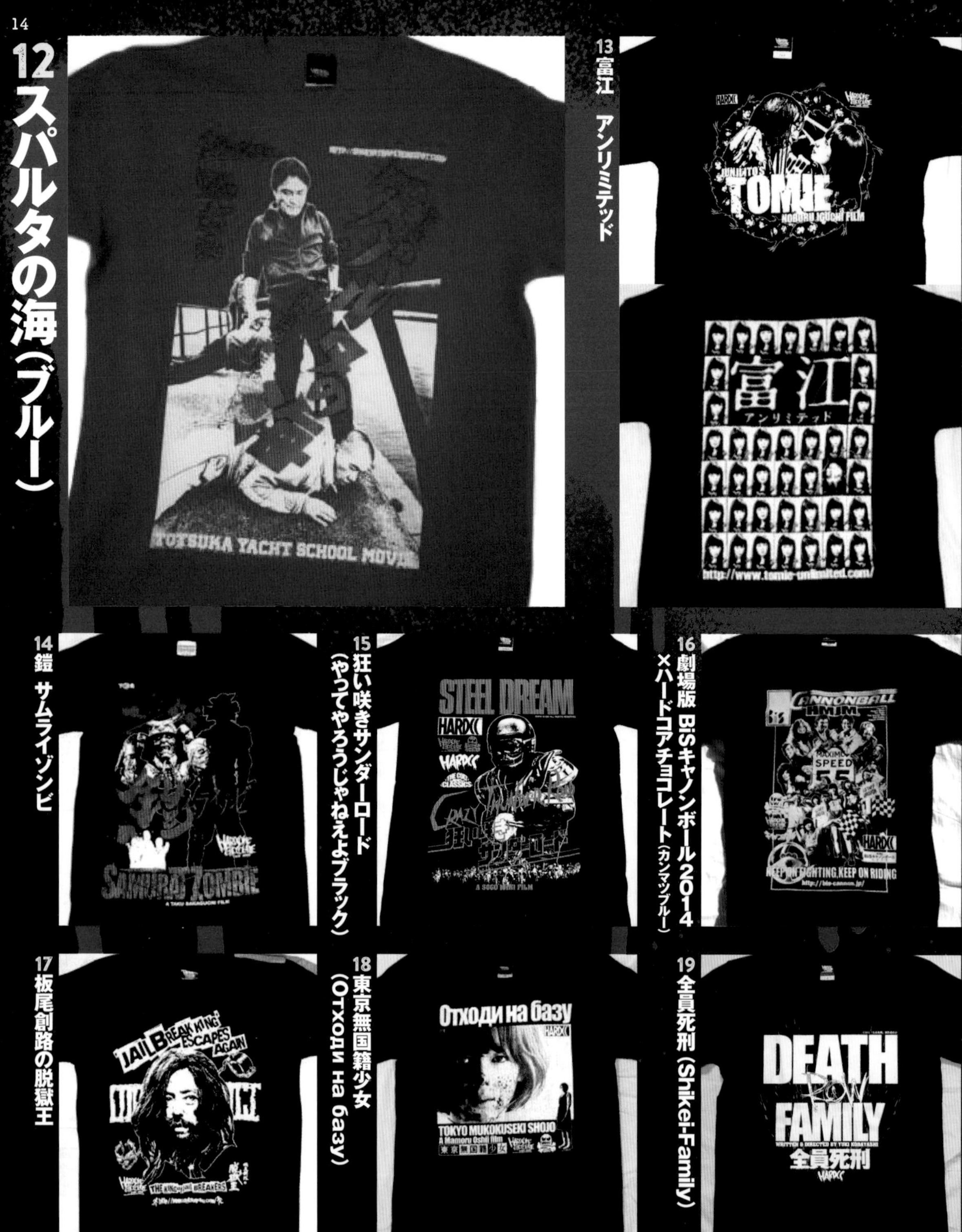

12 スパルタの海(ブルー)

13 富江　アンリミテッド

14 鎧　サムライゾンビ

15 狂い咲きサンダーロード(やってやろうじゃねえよブラック)

16 劇場版 BiSキャノンボール2014×ハードコアチョコレート(カンマップブルー)

17 板尾創路の脱獄王

18 東京無国籍少女(Отходи на базу)

19 全員死刑(Shikei-Family)

movie

12戸塚ヨットスクールを題材とした伊東四朗主演のノンフィクション系映画。実はスクールの問題が刑事事件化しお蔵入りしたけど、リバイバル公開時にTシャツ制作の話がきました。もちろん体罰は反対。ただ、我々も子供の頃に先生に殴られた世代だけに、少し同情というか共感する部分もある。いくつか場面カットをもらって、中でも見下してるこのシーンが衝撃だったのでメインに。タイトルロゴを斜めに入れてるのも、コアチョコでは珍しい部類。13映画会社から送られてきた写真が、富江の少し角度変えた程度の写真ばかり。この中から1枚選ぶのか…と思うも、裏面は逆転の発想で全て並べた。よく見ると、"髪の毛"を散らばせたり細かい演出を忍ばせています。

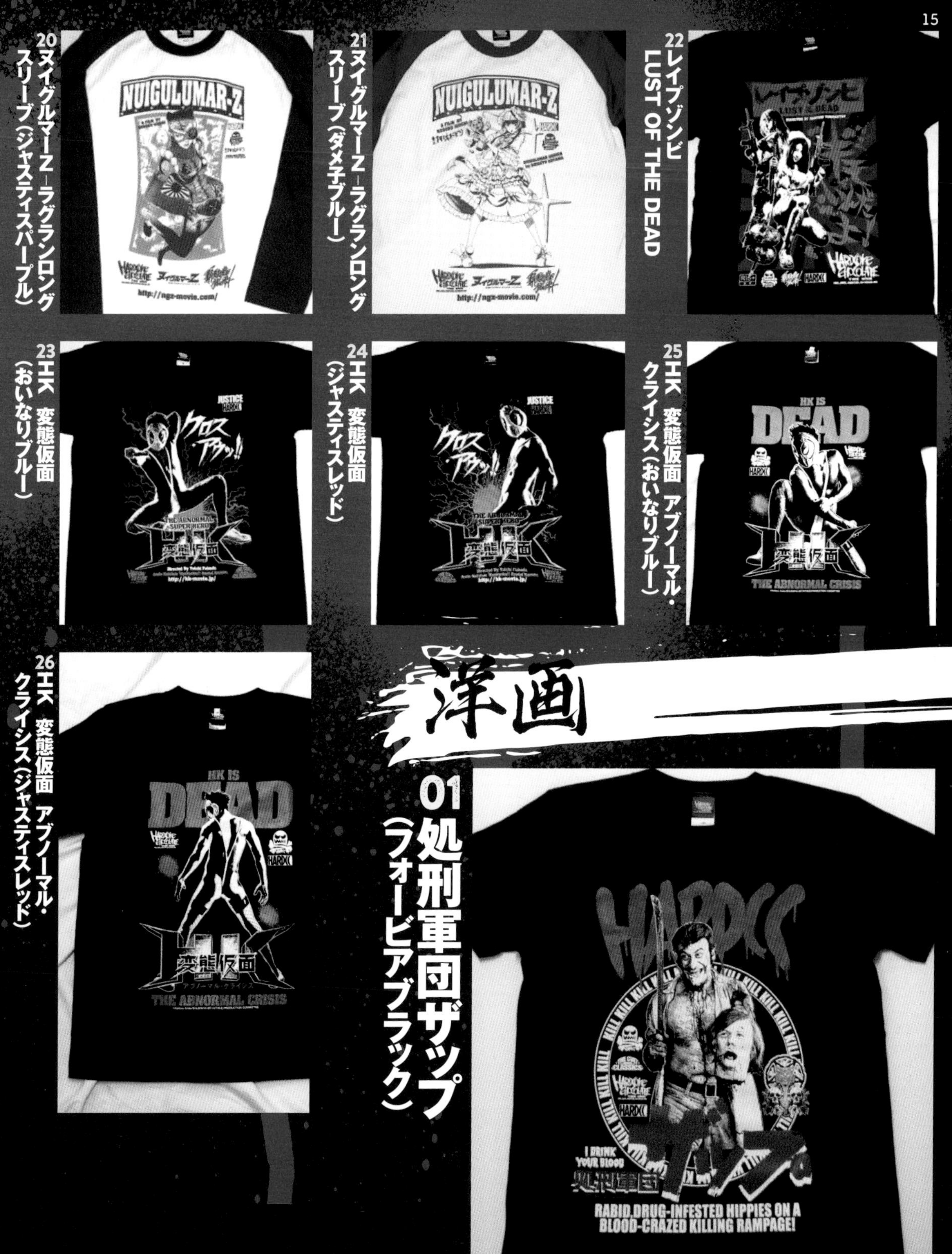

20 ヌイグルマーZ ラグランロングスリーブ（ジャスティスパープル）

21 ヌイグルマーZ ラグランロングスリーブ（ダメ子ブルー）

22 レイプゾンビ LUST OF THE DEAD

23 HK 変態仮面（おいなりブルー）

24 HK 変態仮面（ジャスティスレッド）

25 HK 変態仮面 アブノーマル・クライシス（おいなりブルー）

26 HK 変態仮面 アブノーマル・クライシス（ジャスティスレッド）

洋画

01 処刑軍団ザップ（フォービアブラック）

23～24 '90年代に『週刊少年ジャンプ』（集英社）で連載された人気ギャグ漫画「究極!! 変態仮面」。映画化の際にTシャツのオファーがきて、キャラにもインパクトがあるからシンプルに構成。そして公式グッズとして販売したら、映画館で即完売。当時のコアチョコ一番のヒット商品になり、店舗でも売れ行きは凄まじいものがあった。25～26は映画の続編で、今思えば主演・鈴木亮平、監督・福田雄一が大ブレイクした時期の1枚ですね。01ゾンビ映画のエッセンスにヒッピー・ムーブメントとドラッグ・カルチャーを取り入れた'70年代伝説のカルトホラー映画「処刑軍団ザップ」。映画を鑑賞した人ならわかると思うけど、メイン写真の男は主役でもなんでもない。でも、このシーンが本当に衝撃的で有名だから、使うしかなかった。邦題も最高だから、うちのメルティングロゴを重ねて、後ろに「KILL KILL KILL」と記された円を加えた。我ながら酷い（笑）。どうせ不謹慎な映画だから、悪ノリしましたね。

02 ザ・ウォード　監禁病棟

03 サベージ・キラー

04 サム・ペキンパー　情熱と美学

05 ダリオ・アルジェントのドラキュラ

06 チキン・オブ・ザ・デッド／悪魔の毒々バリューセット

07 バッド・マイロ！

08 ファーザーズ・デイ　野獣のはらわた

09 ベルリン・シンドローム BERLIN SYNDROME（HELPネイビー）

10 マッド・ダディ MAD DADDY（MOM & DADブラック）

movie　2010年代前半はコアチョコの知名度を上げるために、映画とのタイアップに力を注いでいた時期でした。ジョン・カーペンター、ダリオ・アルジェント、サム・ペキンパー、ロイド・カウフマン。映画好きにはたまらない面々。ただ、小さなこだわりは散りばめてはいる。例えば05は本来主演俳優は左側の口を大きく開けている男。でも、中心にいる女性は監督のアルジェントの娘でヒロインでもない役。アルジェントTシャツなんて、世界的にみてもなかなかない。06「チキン・オブ・ザ・デッド」も、主人公は右端に小さくいるだけ。上部のカメラを持った男性は監督ですから（笑）。07「バッド・マイロ！」は一見愛らしいキャラクターに見えるけど、実は"いぼ痔"のおばけ。こういうバカバカしい作品にもファンは多い。巷のグレムリンTシャツをちょっと意識したデザインです。

11 HOSTEL2
A（ローレンス・ジャーマン絶叫）

12 HOSTEL2
B（ビシュー・フィリップス絶叫）

13 ダイアリー・オブ・ザ・デッド

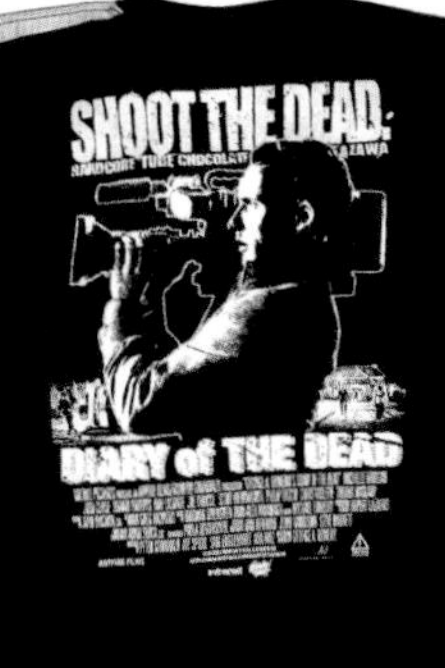

14 悪魔の沼

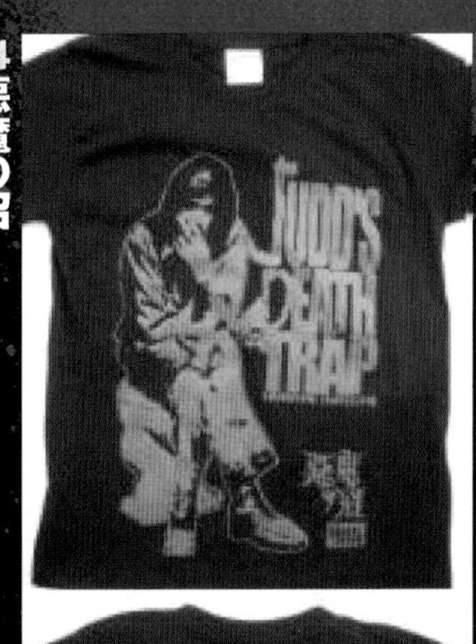

15 屋敷女

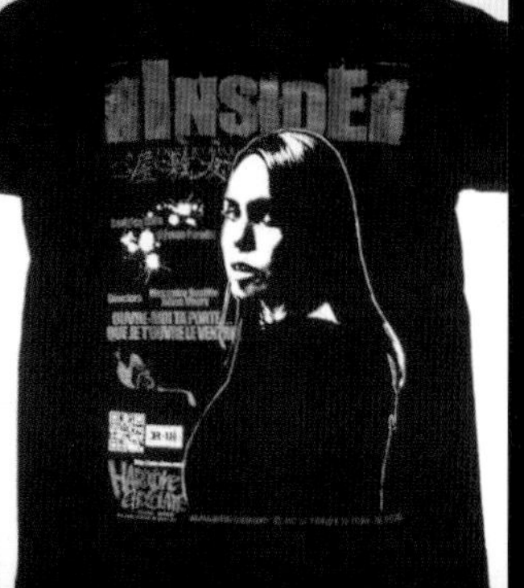

11〜12「HOSTEL2」は'07年に公開された、ヨーロッパを旅するバックパッカーたちが恐怖のどん底に陥れられるホラームービ。配給会社からオファーを頂き、11のAバージョン、12のBバージョンから選んでもらう鑑賞券付きTシャツとして販売しました。当時、散々ホラー映画を題材にしてきたけど、演者たちの躍動感溢れる写真に、動きのある文字を加えるという現在のスタイルを確立した感覚があり、"コアチョコらしさ"が出来上った思い出深い作品。「HELP!」「助けて!」って、そのまんまだけど、いい味になっている。14もそうだけど、黒ボディに赤字はインパクトが強い。写真にインパクトがあるホラーだからこそ、構成をしっかりしないと着れるデザインにはならない。

16 ABC・オブ・デス

17 Mr.タスク

18 V/H/S ネクストレベル

19 エスコバル 楽園の掟（コロンビアブラック）

20 シンクロナイズドモンスター（COLOSSALショッキングピンク）

21 ザ・レイド

22 ザ・レイド GOKUDO

23 アンチクライスト

24 インド・オブ・ザ・デッド（インドをゾンビにしてしまえ！）

movie

22インドネシア制作で、配給がKADOKAWAというアクション映画。麻薬王が支配する高層ビルを舞台に、強制捜査に入ったSWAT部隊と、それを迎え撃つギャングたちの戦いを描くというもの。俺はデザインする時に、マニアを唸らせたいという気持ちが強い。だからTシャツの各所に印象的なアイコンを散りばめるんだけど……この映画は素材が少なかった。日本語版タイトルと写真もあまり合わなかったから、公開された世界各国の全タイトルロゴを探し出し、散りばめて作り上げた。個人的に大好きな作品で、やっぱり細部にはこだわりたい。

25 ゼイリブ THEY LIVE（CONSUMEブラック）

26 ゼイリブ THEY LIVE（OBEYホワイト）

27 狼の死刑宣告

28 八仙飯店之人肉饅頭

29 ラスト・エクソシズム

25～26「遊星からの物体X」など“鬼才”と呼ばれるジョン・カーペンター監督が’88年に手がけた、異星人による侵略を描いたSFサスペンススリラー。これは’18年に公開30周年記念のリバイバル上映時に制作。同作の象徴的な「OBEY」のシーンはファン受けを考えればもちろん必要ではあるけど、個人的には主役のロディ・パイパーを使わないのはいただけない。25はだからロディ・パイパーを2カ所に配置。あと、背面上部の「CONSUME」は“買え!”という意味がある。映画ではサングラスをかけると街の看板に「もっと働け」「お金を稼げ」など命令が見える設定で、だから「いいからこのTシャツを買え!」という気持ちを込めたんですよ（笑）。

30 VHSテープを巻き戻せ！

31 グリーンルーム（GREEN ROOM）

32 サスペリア・テルザ　最後の魔女

33 サクラメント　死の楽園

34 武器人間

35 荒野の千鳥足

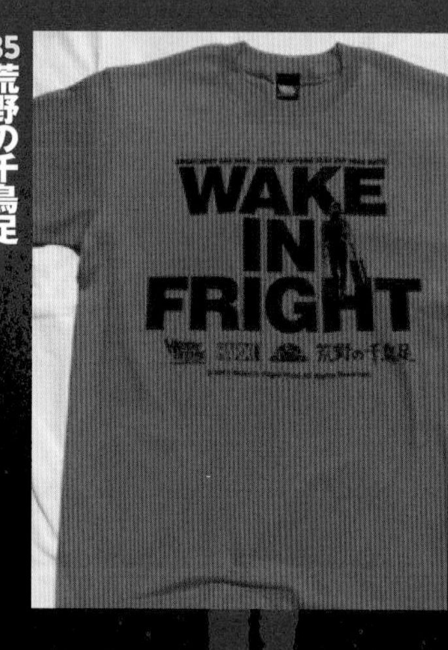

36 沈黙の鉄拳

37 飛び出す　悪魔のいけにえ

38 スマイリー

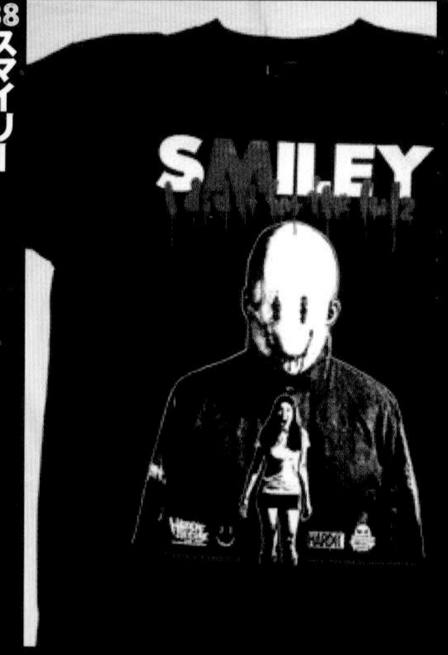

movie　このページも映画タイアップ系が多い。自分の中で「コアチョコらしさ」という定番のデザインは確かにあるけど、全部を当てはめるのは野暮だし、作品好きには愛されないと思う。作品に適したデザインが求められる。自分で言うのも恥ずかしいけど、31なんてオシャレでしょ？（笑）。37「飛び出す　悪魔のいけにえ」はレザーフェイスがただ立っている写真に、こちらでチェーンソーを「×印」でクロスさせている。3Dの映画なので、"3D"の文字を真っ赤にして、"浮いているように"見えるデザインに構成。逆にレザーフェイスは薄めにして、より際立たせている。俺が描く"手書き文字"も作品によって字体を変えています。38「スマイリー」、36「沈黙の鉄拳」では全然違うでしょ？　映画作品によりロゴがイマイチな場合があるので、そういう時は自分で描く感じです。

39食人族 ーCannibal Holocaustー

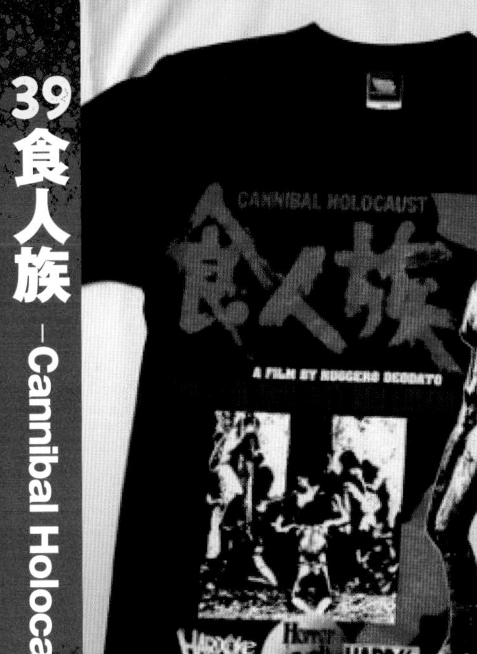

40クレイジーズ

HELP US

FEAR THY NEIGHBOR

THE CRAZIES

41ゴール・オブ・ザ・デッド（サム・ロリブルー）

GOAL OF THE DEAD

LORIT

GOAL OF THE DEAD

42シン・シティ 復讐の女神

43ゾンビーノ

FIDO

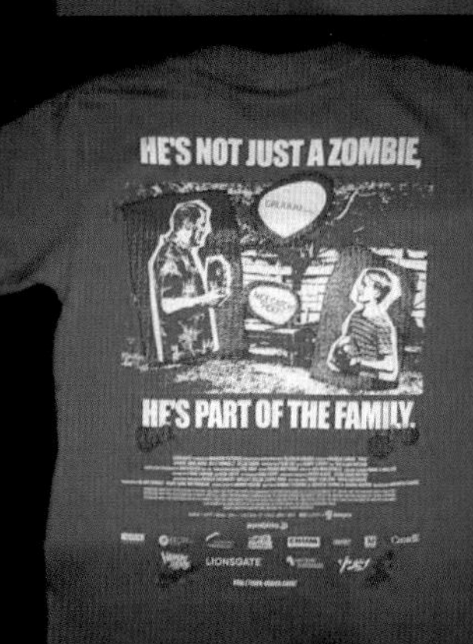

39イタリアの映画監督、ルッジェロ・デオダートによる食人や強姦を題材にしたドキュメンタリー風ホラー映画。日本でも'83年に公開されて大ヒットを記録し、これも再編集のDVD化記念でTシャツ化。やっぱり串刺しシーンは象徴的で使いたいが、中央に置くとどうしてもデザインがしまらない。後ろの赤い線は、実は当時のパンフにあった素材で、下地に敷いたことで一気にデザイン性が上がったと思う。こんなアブノーマルな1枚、普通ならば売れないと思うけど、コアチョコでは売り上げ上位なんですよ（笑）。43'07年に公開されたカナダのゾンビコメディ映画。ゾンビ映画愛好家として、やっぱりゾンビ題材はいつも気合いが入るも、本作はコメディでゾンビと人間の交流がある。だからデザインはポップさを意識しつつも、Tシャツボディはしっかりゾンビのゲロ色にしています（笑）。

44 CHOOSE YOUR FUTURE / T2 Trainspotting2（コールドターキーブラック）

45 T2 Trainspotting 2（ヘロインホワイト）

46 ムカデ人間

47 ムカデ人間2（ブラック）

48 ムカデ人間3 －EAT, DIGEST, REPEAT－

49 ニンフォマニアック

50 テッド2（おすましテッドブラック）

51 テッド2（ぷんぷんテッドブラック）

52 テッド2（オーマイテッド！ ホワイト）

movie 46〜48変態医師が長年の夢だった人間同士をつなぎ合わせて“ムカデ人間”を作り上げようとするカルトムービー。ブランドと相性の良い題材を探すのはデザインのコツで、まさにこの作品はコアチョコに最適。一番のお気に入りは映画自体は非常に評価が低かった第3弾の48で、囚人を抱え過ぎて財政難に陥った刑務所の所長が、囚人たちをムカデ人間に……という本当に酷い内容。シリーズの総決算としてTシャツ背面はムカデだらけ！ こんなの着てたら捕まりますよ（苦笑）。45のトレイン・スポッティング、50〜53のテッド等の大作映画はデザインが版元側から制限されることが多い。その中で活きてくるのが自社ブランドロゴ。老舗は一つのブランドロゴにこだわることが多いけど、良いものは残し、新ロゴも作り随時更新していく。現代のデザインに合わせて進化できるから、制限されてもカッコ良く仕上がるんだと思う。

53 テッド2（すいすいテッドホワイト）

54 悪魔の毒々モンスター（モーレツレッド）

55 ゴッド・ブレス・アメリカ

56 グリーン・インフェルノ

57 サバイバル・オブ・ザ・デッド

58 キャビン・フィーバー

59 ドゥームズデイA

60 ドゥームズデイB

54 '84年に公開、ひ弱ないじめられっ子が有毒廃棄物が入ったドラム缶に飛び込み、醜悪な"毒々モンスター"へと変身を遂げるという映画ファンからカルト的人気を誇るホラー・コメディー。'13年のリバイバル公開時に一度制作し、日本語のロゴを入れて、さらに旭日旗を後ろに忍ばせている。当時は爆発的に売れましたね。'19年に新バージョンを作り、カラーリングが一新されたほか、邦題ロゴを大きくフィーチャーしたデザインから原題ロゴ「THE TOXIC AVENGER」を大きくしたものへとアップデート。合計10種類は作ったけど、どれも売り上げは好調。これもコアチョコと相性の良い作品。

movie 65レストラン強盗をした女子大生4人組が、旅先でドラッグやセックス漬け、さらに裏社会へと足を踏み入れていく……一応は青春映画。公式ポスターのタイトルロゴ部分は7色で、Tシャツでどう表現するか悩み、文字毎に濃度を変えるという手法に。女性に着て欲しい1枚ですね。66「ナチスが月から攻めてきた！」という最高の設定のSF映画。日本公開の時にお願いして作らせて貰った。宇宙×ナチスで、写真素材の格好良さもあり気に入っている。タブーとされているナチスの旗を忍ばせていて、挑戦的な表現ではあるが、絶対やりたかった。裏面に凝る時は、表面をシンプルに。

アジア映画（中国・香港・韓国・台湾・タイ）

01 来来！キョンシーズ 特殊霊魂（キョンシーブラック）

02 来来！キョンシーズ 戦え！テンテン道士軍団（暖帽マットパープル）

05 三国志

03 来来！キョンシーズ 地獄のキングキョンシー（台湾アイビーグリーン）

04 スペシャルID 特殊身分

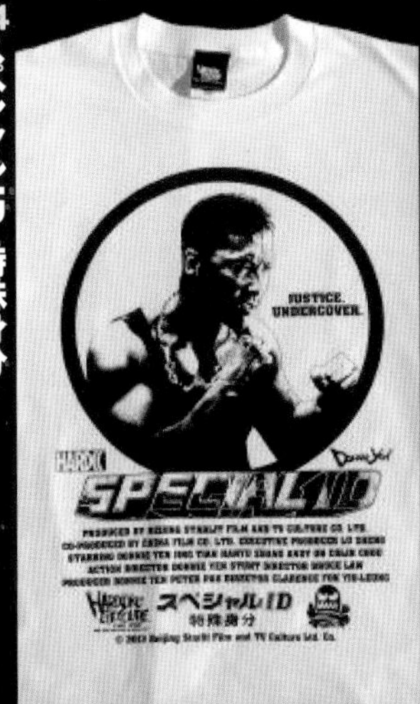

01～03 '80年代に日本で大ブームを巻き起こした中国式ゾンビ映画のキョンシー。元祖はサモ・ハン・キンポーの「霊幻道士」。カンフーとホラーを融合して多くのフォロワーを産んだ。日本では「幽幻道士」のTVシリーズ、「未来キョンシーズ」で大ブームに。この作品はデジタルリマスター版で完全復活したときに、ヴィレッジ・ヴァンガードさんの協力もあり制作。写真素材も良かったから表面も裏面もモチーフを大きく使用。そして02はカラーリングもどことなくキョンシーを想像させるパープル×イエローという気合いの入れよう。本当はサモ・ハン版もいつか挑戦したい。

06 RAILROAD TIGERS

07 イップ・マン 最終章

08 女ドラゴンと怒りの未亡人軍団

09 テロ、ライブ

10 ビー・デビル

11 メビウス（息子ブラック）

12 チェイサー 殺人機械

movie

12 10か月で21人を殺害した疑いで逮捕された、韓国で“殺人機械”と言われた連続殺人鬼ユ・ヨンチョルの事件をベースにした韓国映画。’08年に試写で鑑賞したら抜群に面白かった。その場で映画配給会社の人に名刺を渡して、「是非、Tシャツを作らせてほしい」と直談判。猟奇殺人犯の冷酷無比な顔立ちを全面に出し、デザインとしては本当によくまとまっている。でも、主演俳優の知名度は当時は高くなく、いまほど韓国映画も浸透してなかったからある意味、挑戦ではありましたね。ちなみにこの映画のナ・ホンジンって監督がのちに「哭声／コクソン」っていう作品で大ブレイクしています。

13 悪いやつら

14 嘆きのピエタ

15 新しき世界（ブラザーゴールド）

16 アシュラ
※諸事情により発売中止

17 チョコレート・ガール バッド・アス!!（チョコレート）

18 チョコレートファイター

19 マッハ！無限大（ゾウ以外、全部敵！仕様）

18「マッハ!!!!!!!!」等でお馴染みのプラッチャヤー・ピンゲーオ監督のアクション映画。配給会社からスチール写真が数枚送らてくる中で、雑誌等に使われるメインカットはウチには合わないと思った。本来ならばデザインしづらい“逆L字型”のポーズを使い、空いたスペースに“漫画的フキダシ”を載せバランスを調整。シルクスクリーンプリントの特徴である“重ねて刷る”ことを意識したデザインで、原題の“透けているロゴ”を上から重ね、映画の雰囲気を出している。

pRo wResting プロレス

四角いリングの上で戦う男たちを、シルクスクリーンというデザイン版に落とし込む。新日本は金曜夜8時、全日本プロレスは土曜8時、国際プロレスは月曜8時…昭和プロレスの"黄金時代"に魅せられ、現在もあらゆる団体の興行を観戦するMUNE氏が世に送り出す、攻撃的デザインの数々!

日本人レスラー

01 初代タイガーマスク THE BIRTH OF LEGENDS

01タイガーマスクは国民的漫画「タイガーマスク」を原作とし、実在のレスラーとして新日本プロレスがデビューさせた。同時期にメディアミックスで「タイガーマスクII世」をアニメ放映しただけでなく、伝記漫画「プロレススーパースター列伝」も同時進行、タイガーの正体暴きに少年たちは夢中になった。正体は新日の若手レスラー・佐山聡。コアチョコはタイガー以前に注目、メキシコ時代、イギリス時代と彼の足跡を辿った。01のタイガーTシャツは、ポピー製、縫いぐるみ、牙付き、ヤギリ、スーパータイガーなど全てのパターンを入れ"決定版"とし、他ブランドが追いつけないような気合いの入った作りに。虎模様も本物を追求する為、ベンガルトラから模様をトレース。

02 サトル・サヤマ TIGRE ENMASCARADO BEGINS

03 サミー・リー THE EARLY DAYS

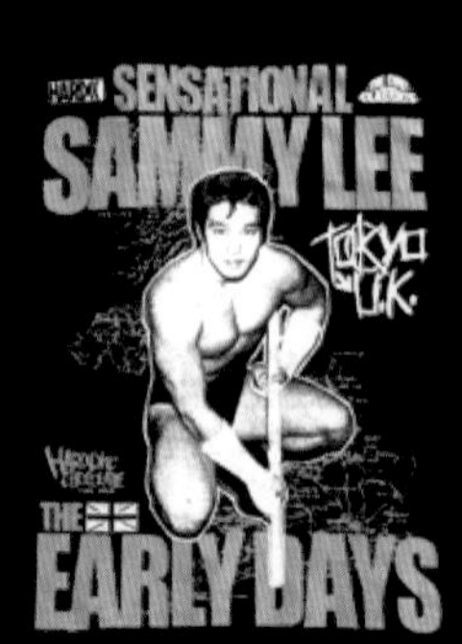

04 DALLAS (ザ・グレート・カブキ) —ORIENTAL CLUB 2ND—

04 '70年代後半から'80年代にかけて、トップヒールレスラーとして全米を震撼させたザ・グレート・カブキ。入場時の般若の面×連獅子姿に痺れた口なので、あえてご本人の顔を隠した姿をフロントに。カブキが誕生したテキサス州「DALLAS」の文字を、得意技の毒霧のグラデーションで表現。これ以降、同じようにグラデーションを用いるブランドが多いが、俺が間違いなく元祖だと思う。カブキさんご本人も気に入ってくれて、イベント事などによく着てくれているのは嬉しい。いまだに売れ続けているので何度も再販している。

05 BRINDLE WOLF（上田馬之助）

06 BURNING SPIRIT IN AMERICA（アントニオ猪木）闘魂レッド

07 CALGARY（ヒロ斎藤）

08 GASPAR（海賊男）

09 KURISU PELIGROSO（栗栖正伸）

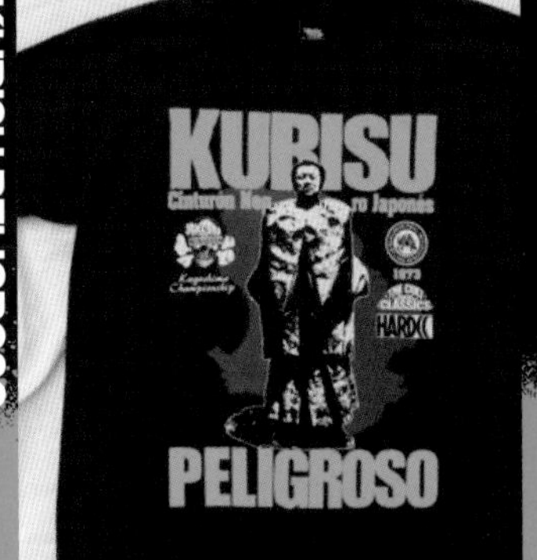

10 DRAGON（藤波辰爾）炎の飛龍フレアレッド

11 NAGASAKI NIGHTMARE（ケンドー・ナガサキ）

12 STRAY BEAR（鶴見五郎）

06の猪木、10の藤波のような王道もあれば、08の海賊男、09の栗栖正伸というプロレスマニアを唸らせるラインナップも揃えるのがコアチョコの流儀。他のジャンルのページと見比べると分かると思うけど、プロレスラーTシャツは1枚絵でシンプルな構成が多い。本人写真の上に、象徴的な技名やキャッチコピーを載せるというもの。これもレスラーたちの絵力が抜群だから成立し、余計なことをすると安っぽくなってしまう。ただ11、12は正面がド直球だっただけに、裏面はとことん遊ばせてもらった。歩んだ歴史を、ロゴや文字で埋めていく。これが決定版、と言える他社がもう作れない作品にしてしまう。まぁ、他社はあまり作らない選手とは思うけども（笑）。

13 FUJIWARA TERROR（藤原喜明）

14 藤原喜明（ONE FOR ALLブラック）

15 藤原喜明（サブミッション・ホワイト）

16 SUPER BAD（極悪同盟）

17 THE GOLDEN CHILD（タイガー・チャン・リー／キム・ドク）

18 STERNNESS（秋山準）エクスプロイダーブルー

19 ブラック・タイガー（暗闇脳天ブラック）

20 STEEL CAGE DEATHMATCH —金網デスマッチの鬼—（ラッシャー木村）

21 THE RAID —はぐれ国際軍団—（ラッシャー木村）

pRo wResTling 13〜15古希を超えても現役選手、「関節技の鬼」こと藤原喜明。「組長」のイメージが強いけど世に出てきたのは'84年の札幌大会で、長州力を花道で鉄パイプで襲撃した"テロリスト事件"。13の第一弾は、あの頃の危険さを出したかった。そして第二弾は組長、第三弾はバート・ベイルとの対戦でザ・藤原！という関節技。本人が黒のショートタイツ姿で非常にシンプルだから、周りをしっかり固めて構成した。21晩年の「こんばんは、ラッシャー木村です」のマイクパフォーマンスの印象が強いけど、力道山を彷彿とさせる黒タイツ姿で「金網デスマッチの鬼」と呼ばれ、やっぱり新日本プロレスに乗り込んだ時は凄まじくカッコよかった。あの頃のラッシャー木村をTシャツにしたいけど、パンチパーマのおじさんはなかなか題材として難しい。本人の名前ではただのファンTシャツになってしまうから、「はぐれ国際軍団」と手描き文字を使い、さらにインドネシアの殴り込み映画「THE RAID」のオマージュに。殴り込みTシャツ、と考えれば意味が出てくる。

22 小林邦昭（マーシャルアーツレッド）

23 新崎人生・HAKUSHI

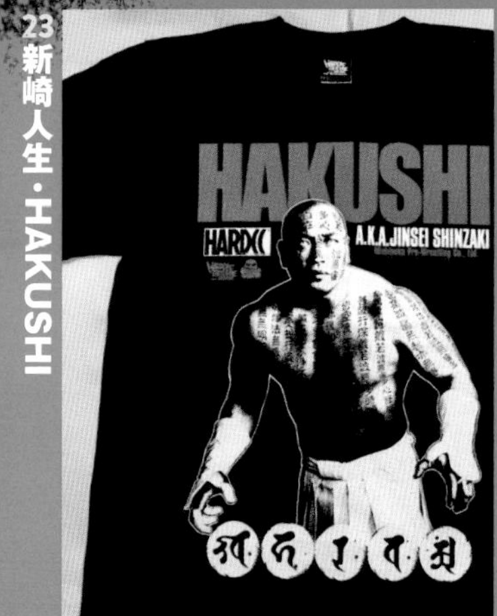

24 新崎人生・曼陀羅捻り（半袖ラグラン）

25 ワンス・アポン・ア・タイム・イン・メキシコ（グラン浜田）

26 極悪大王・夜明け前（ミスター・ポーゴ）

27 PROBLEMS（ケンドー・カシン）へそ曲がり逆十字ブラック

28 PROBLEMS FROM AOMORI（ケンドー・カシン）腕ひしぎ逆十字ホワイト

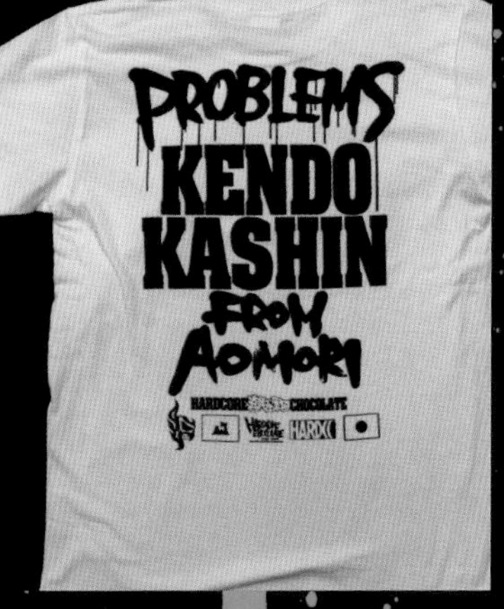

29 ストロング・マシーン1号（魔神レッド）

22初代タイガーマスクの三大ライバルといえば、ダイナマイト・キッド、ブラック・タイガー、小林邦昭。小林さんのマーシャルアーツ風の赤いパンタロン姿で回し蹴りを放つ場面に加えて、禁断のマスク剥ぎをこの1枚で表現。真っ赤なボディに黒インクは本来見辛いけど、これ以外の表現が考えられない。色落ちすれば小林邦昭さんの悪さが鮮明に出てくるのも個人的に好き。26極悪大王の異名を持ち、リング上では火炎噴射や鎖鎌攻撃などやりたい放題だった"ミスター・インディ"と言えるプロレスラー。90年代、FMWやW☆INGで日本中のプロレスファンを恐怖のどん底に落とし、大仁田厚と電流地雷爆破マッチを行い一世を風靡した。Tシャツでは人気デザイナー・植地毅さんが作った名作があり、あれを超えるために必死で考えた1枚。右上には出身地の伊勢崎市のマーク、活躍したプエルトリコの国旗！ 本人も着てくれて良かった。

30 ［プロトタイプ］ストロング・マシーン1号（マシーンライトグレー）

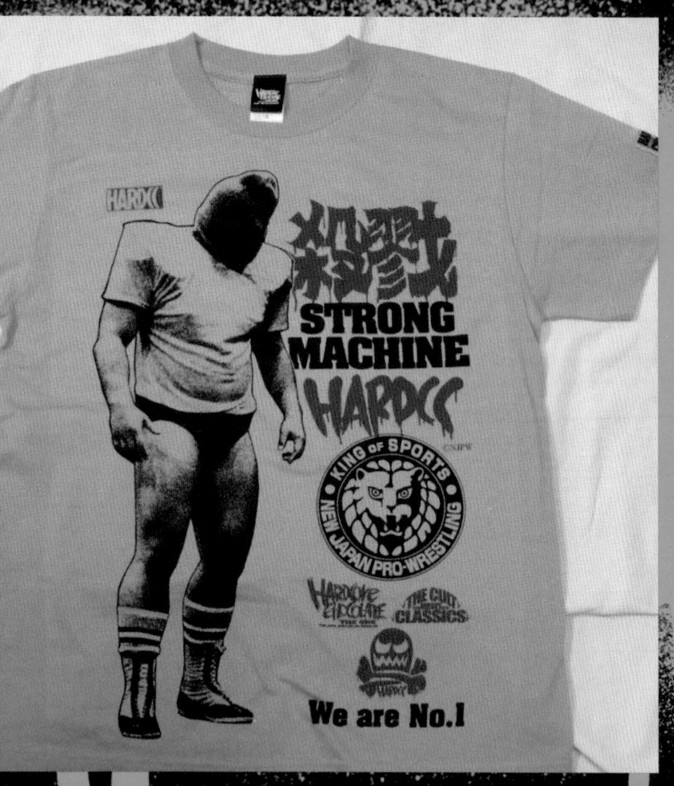

31 DEATH AND DEATH（平成極道コンビ）

32 STREET BRAWL（昭和極道コンビ）

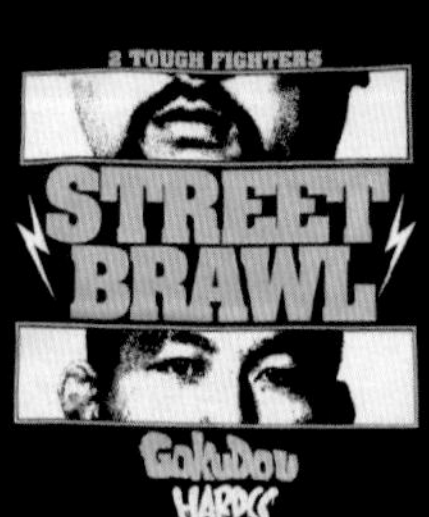

33 STRAY DOGS －野良犬伝説－（高野拳磁）

34 GIANT JAP／ジャイアント馬場（マジソンホワイト）

pRo wResTling

30 '84年の新日本プロレス「ブラディ・ファイトシリーズ」開幕戦で後楽園のリングに突然、目出し帽を被ったマスクマンが現れる。マスクマンはセコンドについていた若手達に襲い掛かり、放送席で解説をしていたアントニオ猪木に挑戦状を叩きつける、という衝撃のシーン。ただ、目出し帽が変に長いですよね？ 目だし帽の男の正体は平田淳嗣なんだけど、本当はこの目出し帽の下にはキン肉マンのマスクを被っている。直前まで「覆面レスラー・キン肉マン」で交渉をしていたけど、許諾が下りずこのまま戦ったという。そんな瞬間のTシャツ、なかなか出さないでしょう？（笑）。絶対に他ブランドがやらないことに挑戦したいのがコアチョコ流。「殺戮マシーン」の異名は当時の実況・古舘伊知郎が付けたもので、試しに俺が描いたら凄くカッコよく仕上がった。以降、コアチョコで「殺戮」という言葉は頻繁に使っている。

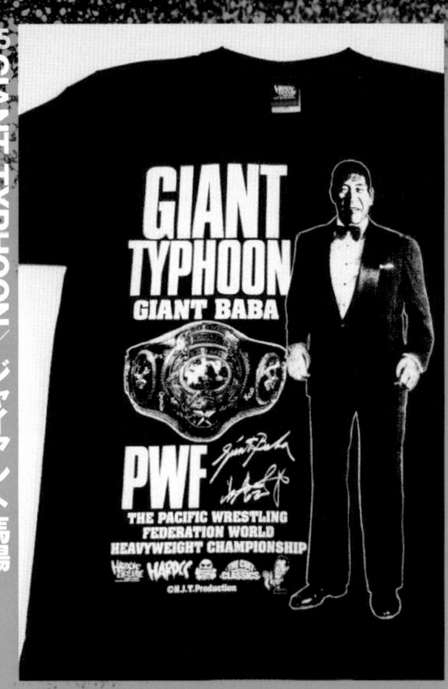

35 GIANT TYPHOON／ジャイアント馬場（エンターテイナーブラック）

36 TORTURE（マサ斎藤）

37 MASA（マサ斎藤）七分袖ラグラン

38 MINNEAPOLIS（マサ斎藤）

39 マサ斎藤（MSGホワイト）

40 マサ斎藤（監獄固めブラック）

34〜35 “東洋の巨人”とうたわれた不世出のプロレスラー、ジャイアント馬場。Tシャツは2枚出していて、どちらも裸ではないのがポイント。晩年は細身になっていたけど、全盛期は本当に強くてデカくて最高にカッコよかった。あの風貌でスーツ姿がよく似合うから、その写真と馬場さんの功績を称えるベルト等を横に添えた。36〜40 マサ斎藤は、東京五輪レスリング日本代表という肩書きを引っさげプロレスデビューし、アントニオ猪木と闘った伝説的な「巌流島の決闘」はもちろん、アメリカでも大和魂で罵声を金に換えてきた伝説的選手。コアチョコでは時代毎のマサさんのTシャツを出しているけど、気に入っているのは36「TORTURE」。これ、表面は大好物のカルピスを飲んでいる時の写真なんすよ（笑）。裏面はマサさんが一番活躍したアメリカのプロレス団体「AWA」時代のもの。背面の「MASA SAITO」のロゴは、ロックバンドのKISSに寄せたもの。まぁ、アメリカっぽいかなと（笑）。

外国人レスラー

01 “南海の黒豹”リッキー・スティムボート（バックハンド・ネイビー）

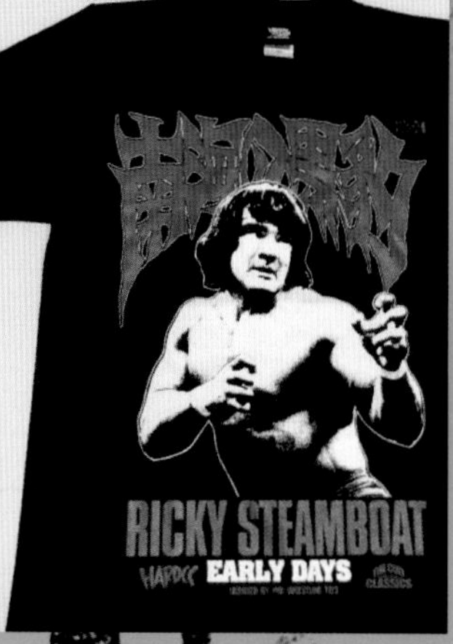

02 ジャイアント・プレス／アンドレ・ザ・ジャイアント（圧殺ホワイト）

03 人間山脈／アンドレ・ザ・ジャイアント（エグゾセ・ネイビー）

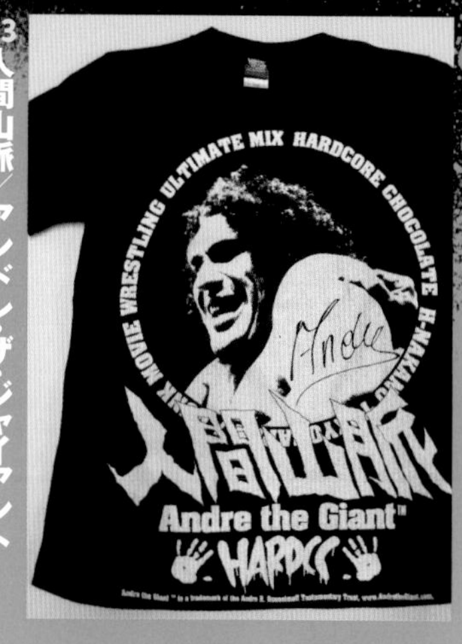

04 サブゥー／HARDCORE（カーペット・ナチュラル）

05 サブゥー／アラビアンナイト（キャメル・ブラック）

06 ダイナマイトキッド（スタンピードブラック）

07 ダイナマイトキッド（ブリティッシュホワイト）

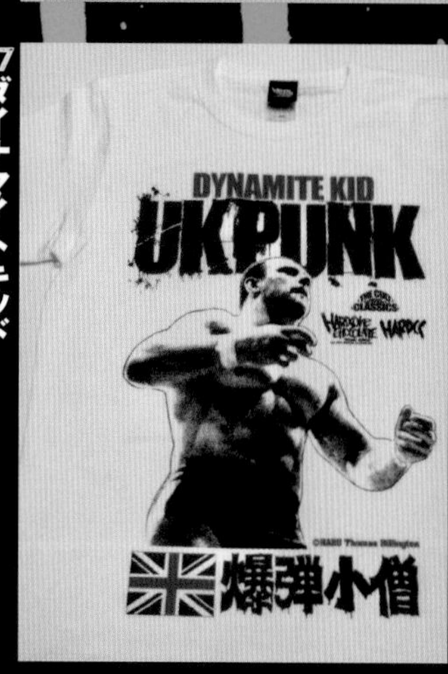

08 ハーリー・レイス（ギャラクシー・ブルー）

09 マーク・ロコ（カミカゼホワイト）

pRoWRestling 外国人レスラーは来日して団体を渡り歩き、海外に戻ったり、また来日を繰り返すという傾向がある。だから、どの時代をTシャツにするかがポイントで、01リッキー・スティムボートはドラゴン時代のTシャツはやりたくなかった。“南海の黒豹”時代にこだわるから、コアチョコはマニアに支持されるんだと思う。 02〜03のアンドレ・ザ・ジャイアントも、あえてこの時代を選んでいる。猪木に初ギブアップ負けした事実を海外ファンは知らない。ウチのプロレス商品はデザインだけ海外で売っているものもあるので、現地で受けるように“人間山脈”と大きく入れ、メイド・イン・ジャパンのアンドレTシャツということを意識している。 06〜07昭和の新日本プロレスで初代タイガーマスクを中心に巻き起こった大ブーム。タイガーの最初にして最大のライバルといえば、“爆弾小僧”のニックネームのダイナマイトキッドに他ならない。特に06は新日本で「WWFジュニアヘビー級」の三つ巴戦で優勝したときの写真。本人の横に据えられている認定書の文字をいかに出すかに苦労しましたね（笑）。後に世界中で活躍する名選手だけど、やっぱり日本で活躍した期間が好きだから「JAPAN TOUR」の文字を入れました。

10 ブルーザー・ブロディ／インテリジェンス・モンスター（ラグラン）

11 ブルーザー・ブロディ／レジェンダリー・キングコング（ホワイト）

12 ブルーザー・ブロディ／移民の歌（ブラック）

13 ロード・ウォリアーズ（超暴走軍団ホワイト）

14 ロード・ウォリアーズ（殺刃軍団ブラック）

15 ロード・ウォリアーズ（アニマル シカド・レッド）

10スタン・ハンセンとの超獣コンビ、ジミー・スヌーカとの最強タッグ、ジャンボ鶴田とのインター王者を巡っての死闘など、日本でも熱狂的ファンが多いブルーザー・ブロディ。超獣という野蛮なキャラでやっていたけど、新日本の移籍記者会見時はスーツで現れた。ベートーヴェンの「運命」をかけながら、元新聞記者らしく紳士的に猪木への挑戦を語る姿はまさに「Intelligence Monster」。もちろん、11や12のような鉄板は必要ではあるけれど、10のような記者会見時はなかなかない。シンプルながらファッション性が非常に高い1枚だと思う。 13〜15ペイントされた顔とモヒカン＆逆モヒカンの頭、そのうえ圧倒的な筋肉が付いた“暴走戦士”「ロード・ウォリアーズ」。’85年に来日し、アニマル浜口＆キラー・カーン組を一瞬で倒した時の衝撃は今も忘れられない。漫画「プロレス・スターウォーズ」版では何度も出してきたけど、素材選びは苦労しましたね。他ブランドもよく使われる題材で、13はあえて当時っぽさを出し、14は記者会見時の写真を使い差別化を図りました。

プロレス

その他

01 ファイヤープロレスリング特典

02 大谷晋二郎ビリーブズロード

03 CHAMPION CARNIVAL2017（全日本プロレス）チャンカーブラック

04 デスマッチ・ブラックベルト 伊東竜二

16 デイビー・ボーイ・スミス／ブリティッシュ・ブルドッグ（ブラック）

17 デイビー・ボーイ・スミス／稲妻戦士（アクアブルー）

pRo wResTling 01PCエンジン、スーパーファミコンで熱狂的信者を多数作った「ファイヤープロレスリング」。'18年にPS4版で復活する際に、新日本プロレス仕様の限定版の付録としてTシャツを作ることに。個人的には当時大暴れしていたヒールユニット「BULLET CLUB」で作りたかったけど、中心人物のAJスタイルが退団し先行き不透明でNGに。新日側から同団体のシンボルのライオンマークを提案されるも、個人的にちょっと違うな、と。だから「LOS INGOBERNABLES de JAPON」という結果になりました。ただ自分が夢中になったゲームに関われるのは本当に嬉しかった。 03・11と自分が好きな「全日本プロレス」のオフィシャル仕事もできるようになったのは大きい。特に11は年末を締めくくる一年の総決算である「世界最強タッグ決定リーグ戦」の公式。少年時代、あの出場全選手が掲載されたパンフレットやポスターには心底撃ち抜かれた。だから背面は現在の出場選手を並べて、昭和の最強タッグ戦のポスターを意識した懐かしくも新しい新旧ファン納得のデザインに。全日本会場限定とは別に、コアチョコでも限定カラーとして鮮烈なブルーで販売。会場限定との差別化はかなりやっていますね。

05 ロードオブザリング

06 BROTHER（梶原一騎・真樹日佐夫）兄弟ホワイト

07 梶原一騎（KAJIWARA IKKI）男の条件ブラック

08 真樹日佐夫（MAKIHISAO）けんか空手ブラック

09 昭和プロレス会場限定

10 天龍源一郎DVDボックス特典

11 2018世界最強タッグ決定リーグ戦（コアチョコ限定カラー）

06～08「巨人の星」「あしたのジョー」「タイガーマスク」「空手バカ一代」など数多くの漫画原作を手がけ、昭和の漫画界に“帝王”として君臨した伝説の男・梶原一騎。そして実弟でもある空手家・真樹日佐夫。もう写真だけでインパクト十分、余計な飾り付けは不要。でも、06は本当はとなりにもう一人いるんですよね。諸事情によりカットしました（笑）。そういう裏テーマも込められた1枚。

Adult video
アダルトビデオ

コアチョコが「アパレル界の悪童」たる所以のひとつに、他ブランドが販売することすら憚(はばか)る"アダルトビデオ"がある。しかもSM、ゲロなどハードコア過ぎる作品を題材にした1枚が多い。最凶の"着れる18禁"、に仕上げた、性欲と感性の融合を見よ！

AV LEGENDS

01 AV LEGENDS

01レジェンド女優の星野ひかる、明日花キララなど排出した創業30年を誇る老舗AVメーカーの「h.m.p」。やるなら時代を築いた女優を使いたくて。そしてオファーを頂いた'12年の映画界はマーベルの「アベンジャーズ」が話題だった。だから映画のロゴをもじって「AVLEGENDS」に。許諾の都合で3分の1の希望女優は差し替えになりましたけど、AV愛好家として満足のいく1枚ですね。

04AV女優や格闘家のTシャツを多数販売している「MARRIONAPPAREL」とコラボした商品。デザインはほぼコアチョコで、水野朝陽の写真とロゴだけもらい、こっそり「有楽町マリオン」の建物を忍ばせました（笑）。05元祖淫乱AV女優・豊丸。膣に大根を挿入し、アナルファックまで披露。絶頂に達すると、白目を剝いて「イグー!」と絶叫するパフォーマンスで大変お世話になりましたね（笑）。"人間発電所"の異名を持つだけに、本家・人間発電所「ブルーノ・サンマルチノ」のオマージュにもなっている。

02 大乱丸

03 AV最後の日

04 MARRION×ハードコアチョコレート（デカ尻イエロー）

08～14日本一の熟女専門AVメーカー「マドンナ」さんとは、何度もコラボさせて頂いている。　14設立7周年の超大作を題材にして作って欲しい、と言われ挑戦。AV作品のロゴが映画「七人の侍」に寄せられていて、インパクトがあったから、フロントはそのロゴをメインに。バックは遊ばせてもらった。この角度の本物の“団地”の画像を探すのが大変だった（苦笑）。ちなみにマドンナがノベルティとして配ったものと、コアチョコ販売バージョンは違うんですよ。後者は7人のところが8人いたり、そんな遊びもある1枚。08～13は15周年記念のときに、同メーカーの代表作をTシャツに。デザイン案はマドンナさんが出してくれました。もちろん、与えられたテーマできっちり作るのも職人の仕事。10『アナーキーコンドーム』に関しては絵だったので悩み、そうだアナーキーだからセックス・ピストルズの『God Save The Queen』だ！というデザインに。11は「ジョジョの奇妙な冒険」のオマージュで、どうやったら近付けるか苦労した。吹き出しと文字、そして荒木先生描く風の“雲”を入れたら一気に近づいた。

14 七人の団地妻

ドグマシリーズ

01 性菩薩

02 縄・七人のM女

03 秘技伝授

04 美しい痴女の接吻とセックス

Adult video

01〜07鬼才・TOHJIRO監督率いる「ドグマ」は大ファンだった。設立3周年イベントをやると知り、「記念Tシャツを作らせてくれ!」と頼み込んだのがキッカケです。何処の馬の骨ともわからない俺らを受け入れてくれたことに感動しました。やるなら鉄板作品の05の拘束椅子トランス。写真のインパクトは凄い、でも“モロ出し”は街中で着づらいから、女優さんの顔や局部は白で飛ばしたデザインに。当時はまだAV作品を題材にしたアパレルはなかったから、TOHJIRO監督はすごく喜んでくれて。制作前に「ライセンス料なんか抜きにして勝手に作っていいよ!」と言われた時は嬉しかったな〜。

05 拘束椅子トランス

THE BONDAGE CHAIR TRANCE
DIRECTED BY TOHJIRO

06 ゲボレズ・ドラッグ

07 後手観音

08 Dogma

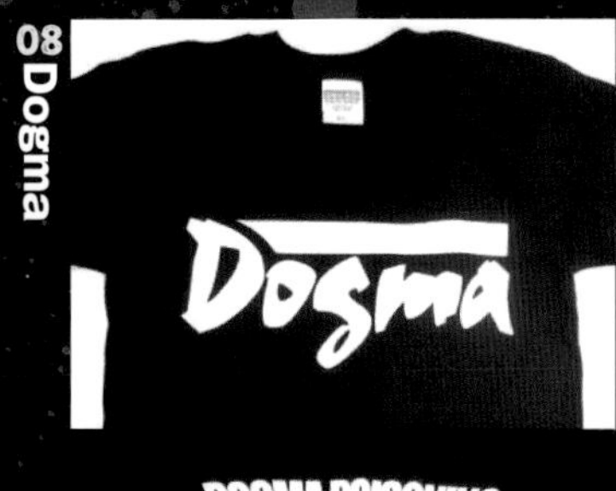

09 X —ゲロ浣腸エクスタシー—

06はタイトルそのままに、レズビアンカップルがお互いにゲボを掛け合うというマニアック過ぎる作品。表面は文字だけ、裏面ではゲボを吐く瞬間の写真を使い、そして配色はどうやったら"酸味がかったゲボになるか"に苦労した。一番良いのがコレ。09もゲロとウンコですもん！ ウンコだからもっと茶色を混ぜないとな……と配色を考えました。作りながらも、「こんなの誰が着るんだよ！」と思うけど、こういう危険な作品のほうがコアチョコでは結構売れる。ファンも狂っているのかな、って思うもん（笑）。AV業界も最近はあまり元気がないし、タイミングがあえばまた是非、面白いものを作りたい。

Tシャツだけじゃない！ コアチョコグッズ21選

Tシャツが代名詞のコアチョコだが、実は他にも様々なアイテムをリリースしている。パーカーに始まり、ポロシャツ、ラグラン、コート、ワンピース、キャップ、バッグなどなど。悪童テイストが詰まったファンにはたまらない作品ばかりだ！

クリアスカル“東京狂乱”ジャージ(グロスブラック×ライトグリーン)

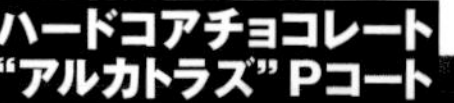

ハードコアチョコレート“アルカトラズ”Pコート

フルメルロゴジャージパンツ(グロスブラック×ライトグリーン)

HARDCC“マッド”レーシングジャケット30000V(シンパラインネイビー)

コアチョコ 暴走街道ジャンプスーツ(最凶ブラック)

ナスカジャン2019(インヘニオブルーブルー×レッド)

クルーガーナイトメアニットセーター

20周年記念ベーシックロゴキャップ(ANNIVERSARYブラック×シルバー)

クルーソックス(2016SS仕様)

haraKIRI×ハードコアチョコレート“メルティングスカル”シルバーリング

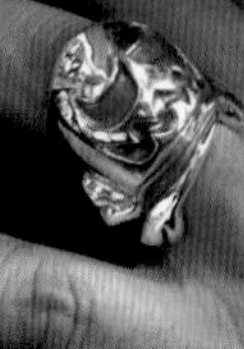

犬神家の一族（THE INUGAMI FAMILY）ZIPパーカ

HARDCCワンピース GIRLS LIMITED

HARDCCエナメルバッグ（ブラッドライフレッド）

コアチョコ"メルティングスカル"ハイブリッドラインポロ 2016 LIMITED（ターコイズブルー）

HARDCCハーフパンツ -2014コンクリートBOYS-（CHARGEDデビルレッド）

極悪列伝ラグラン

HARDCC DEAD ウォリアーデイパック 死体袋［2018AW］

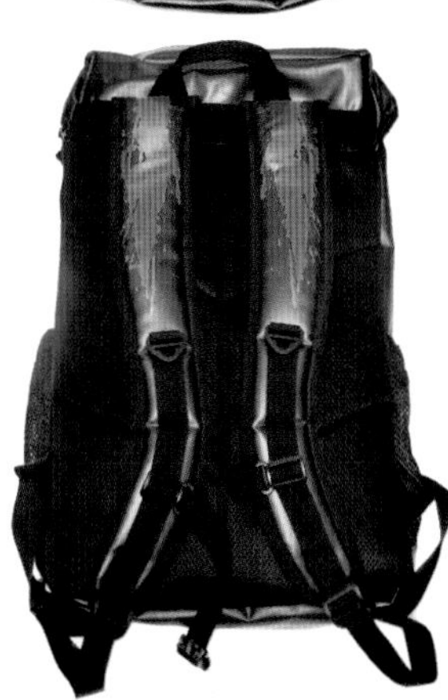

HARDCCニットキャップ2018（ヘドロブラック）

HARDCC レジスタンス・ネルシャツ

フルメルロゴ ボーダー 長袖Tシャツ（監獄ブラック×レッド）

DEAD東京精肉部ワークシャツ（国産人肉ブラック）

comic マンガ

日本の伝統文化「マンガ」&「アニメ」だが、単純に名場面やキャラクターをプリントするだけではファッションとは言えない。今回は、いかに町中で着れるか、を意識したデザイン性に注目してほしい。これが、アパレル界の悪童による毒気が煮詰まったジャパニメーションTシャツだ!

楳図かずお

01 神の左手悪魔の右手（Left Hand of god Right Hand of the Devil）

01ホラー漫画の第一人者でありながら、「漂流教室」「まことちゃん」「わたしは真悟」などSFからギャグまで幅広く執筆する楳図かずお。「神の左手悪魔の右手」は『ビッグコミックスピリッツ』で連載されたもので、呪いがかかった錆びたハサミを拾ったことから始まるスプラッター漫画。目からハサミが出るシーンを全部コマに入れて、監修の楳図さんにデザイン案を提出したら「ハサミを大きくしてハミ出てるのはどう？」と提案してくれた。作者から「原画をイジっていいんだよ！」と言われたのは本当に嬉しかったし、一つデザインの幅が広がった。このTシャツ、マキシマム ザ ホルモンの亮くんが気に入って、よく着てくれている。

02 14歳（フォーティーン）

03 漂流教室（リデザイン・関谷アイビーグリーン）

04 まことちゃん

02〜04楳図先生から「原作をイジっていい」の許可を頂いてからは、より攻撃的なデザインをどんどん作るように。04の「まことちゃん」も、漫画内のこのまことちゃんの絵にはウンコは乗ってない。なにか少しインパクトが欲しくて、ウンコを乗っけたら「あら、可愛い！」となってしまった。楳図先生からも一発OK。

05 洗礼（BAPTISM）

06 ウルトラマン・楳図かずお版（ハヤタ・ミックスグレー）

07 おろち（リデザイン・不老不死ホワイト）

08 わたしは真悟（MY NAME IS SHINGO）

09 こわい本（ああ、恐怖！ アプリコット）

10 猫目小僧（猫又ブラック）

05洗礼といえば脳移植シーン。「町中で着れるか？」を問われたときに、ちょっと躊躇するけど、やっぱり挑戦したい気持ちが強かった。そこで、コアチョコ流の悪ふざけとして「ギャァアーッ」という日本語を抽出して入れてみた。すごいインパクトがあり、「コアチョコはやり過ぎ」なんて言われたけど、褒め言葉だよね（笑）。08「わたしは真悟」のフロントは、他ブランドもたくさん使っているけど、このシーンはやっぱり外せない。だからバックプリントで勝負をしようと思い、ロボットが動いた瞬間の場面を使用する事にした。07他ブランドも多数コラボ商品が出されていて、大体が狂言回し的存在の女性「おろち」をメインに据えていた。でも原作は9つのストーリーから成り立つオムニバス形式だから、ウチはもっと各話を重要視。裏面は各話の名シーンをピックアップしてデザインしました。表面のおろちも、仮段階で三段目は正面を向いていたが、楳図先生のチェック段階で「後ろ姿にしたら？」と提案されて、コマを探して合成したんですよ（笑）。

鴨川つばめ

11 マカロニほうれん荘(おー、おっほブラック×パープル)

12 マカロニほうれん荘(トシちゃん&きんどーちゃんブラック)

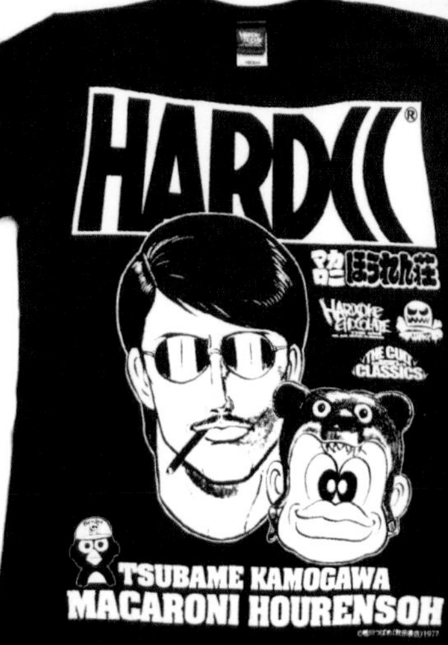

13 マカロニほうれん荘(ピーマン学園ホワイト)

14 マカロニほうれん荘(総司アクアブルー×ブラック)

赤塚不二夫

15 KING OF GAG MANGA 赤塚不二夫(ゲリラブラック)

comic 12〜14 '70年代後半に『週刊少年チャンピオン』で連載され、斬新なギャグやパロディで爆発的な人気を誇った「マカロニほうれん荘」。絵柄がまず最高。でも、"軍隊的なものやナチスを連想させるのはNG"という制約があり、ほとんどそんなのばっかりで苦労しましたよ(苦笑)。主に扉絵のカットを使わせてもらうことに。13が特に好評だったけど、これでは何の作品か伝わりづらいので、端に主人公のトシちゃん&きんどーちゃんを入れました。

16 おそ松くん　イヤミ&チビ太
（おでんブラック）

17 おそ松くん　大乱闘！
（六つ子アクアブルー）

18 もーれつア太郎　ア太郎&デコッ八
（八百×ホワイト）

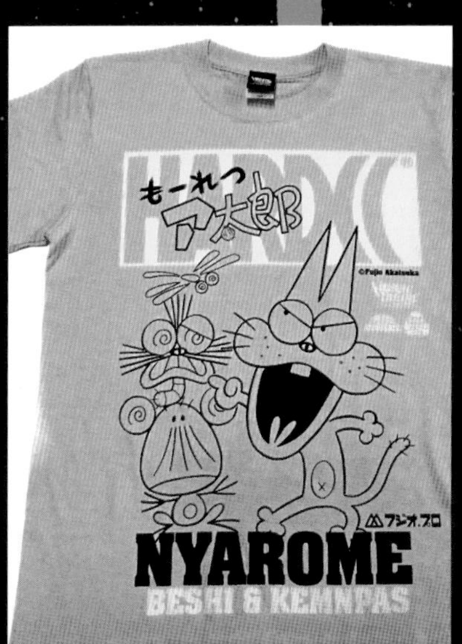

19 もーれつア太郎 ニャロメ&ケムンパス&べし
（ニャンゲンピンク）

NYAROME
BESHI & KEMNPAS

マンガ

16〜19 赤塚先生は第一弾ということもあり、定番のラインナップで攻めてみました。個人的に気に入っているのは17「おそ松くん」。このモクモクのカットが一発で気に入り、中にコアチョコのロゴなどを配置。赤塚シリーズの多くは「HARDCC」のボックスロゴに、キャラやセリフを被せているのが特徴。週刊漫画誌って、大体ロゴに文字が被っているでしょう？ あれを意識しました。でも、赤塚シリーズで売れたのは実は15の御本人。ニャロメとかかな〜と思っていたから意外でしたね。

永井豪

20 デビルマン／MIKI ［Re:DEVILMAN］

21 バイオレンスジャック 機械神Z ジム・マジンガ

22 デビルマン／ブラッド・エンド

23 キューティーハニー（哀しみと怒りのピンク）

24 キューティーハニー（ハニー・ブラック）

25 鋼鉄ジーグ（サイボーグフォレスト）

26 ブロッケン伯爵と鉄十字軍団—復刻版—（サイボーグブラック）

27 グレート・マジンガー 地獄の旅（ボスボロットネイビー）

comic

21・28・29『週刊少年マガジン』を中心に連載され、「マジンガーZ」「ハレンチ学園」「キューティーハニー」等が役どころを変えて競演するなど、永井豪版“アベンジャーズ”と個人的に思っている大傑作「バイオレンスジャック」。21は第8部・鉄の城編に登場する、機械道流の最高称号”機械神”の名を与えられた最強の男に、「マジンガーZ」の主人公・兜甲児がパイルダーオンして戦うという、ネタ的なシーン。もうジムマジンガー大好きだったから、絶対Tシャツにしたかった。気合いを入れたぶん、この象徴的画像を1枚中央に据えたシンプルな構成に。個人的に大好きな作品の一つです。

28 バイオレンスジャック

29 バイオレンスジャック（東京滅亡ブラック）

30 デビルマン／ジンメン［Re:DEVILMAN］

31 デビルマン／ブラッド・エンド［Re:DEVILMAN］

32 デビルマンvsゲッターロボ—CIVIL WAR

33 デビルマンvsゲッターロボ—第三次世界大戦

34 デビルマン クライベイビー（DEVILMAN crybaby）

35 ドロロンえん魔くん／地獄より愛をこめて

デビルマンシリーズはコアチョコの定番と言えるほどに、何度も出させてもらっている。俺のデザインとの相性が非常に良い。こういう作品に出会えることも、自分のブランドを拡げるためには必要だと思う。特に34「デビルマン クライベイビー」（'18年に映像配信。Netflix限定のアニメ）は、他の漫画と違いアニメの象徴的なシーンを使っている。いつものボックスロゴではなく、血文字に近いメルティングロゴで構成。ホラー系はメルティングがよく合う。余談ですが、本当は永井豪漫画の主人公の集合Tシャツを作る計画があったんです。でも、許可がおりなかったのは残念。

36 スペオペ宙学（スカイウォーカーイエロー）

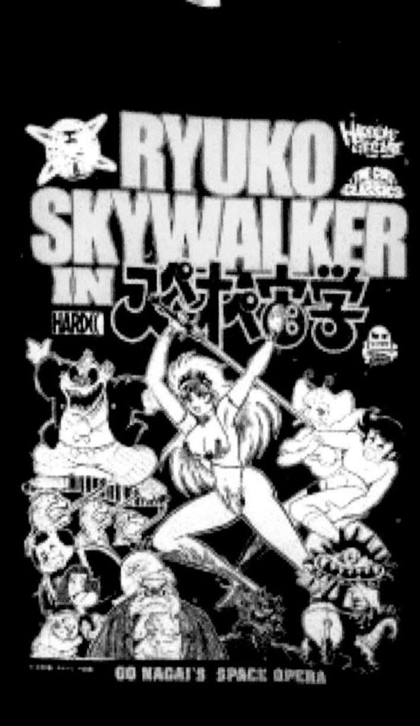

37 ドクター・地獄　地獄の10日戦争 ―復刻版―（IRONブラック）

38 UFOロボ　グレンダイザー（宇宙合金スミ）

39 ゲッターロボ（ゲッタービームバーガンディ）

comic 36和製スター・ウォーズとも呼ばれる「スペオペ宙学」は、永井豪が『週刊少年サンデー』に連載していたお色気満載のSFギャグマンガ。正直、永井作品の中でもマイナーの部類だけど、思春期時代の僕にはたまらない内容。せっかく永井先生から許諾が下りているのだから、他ブランドがやる前にやっておきたい。主人公の竜子・スカイウォーカーのロゴは、しっかりスター・ウォーズのオマージュに。

40 新Let's ダチ公 極道大学金時計

原作 積木爆（立原あゆみ） 作画 木村知夫

すぎむら しんいち

41 ブロードウェイ・オブ・ザ・デッド 女ンビ ―童貞SOS―

伊藤潤二

42 うずまき ―UZUMAKI― 巻髪（関野ブラック）

43 富江 ―TOMIE― 写真（首なしブラック）

44 うずまき ―UZUMAKI― 傷跡（三日月ラベンダー）

41すぎむらしんいち先生の傑作漫画。気に入ったゾンビを徹底的にスキャンして、特に一番好きな"菅原文太似"は中央に配置した。「ブロードウェイ」の看板も現地に写真を撮りに行くなど、バランスに凝った1枚。42〜45映画化もされた「富江」を筆頭に、「ギョ」「うずまき」など海外でも信者が多いホラー漫画家・伊藤潤二さん。他ブランドも扱っていることが多く、いかにコアチョコらしさを出すかに苦心しました。一番気に入ってるのは42のフロントで、本当は女の子がただ立っているだけのコマを利用。彼女から赤く伸びている"うずまき"は他のコマから引用しました。作品のホラー性を高められたと思います。本当によく売れたシリーズ。

45 富江 －TOMIE－ 小指（切断ライトピンク）

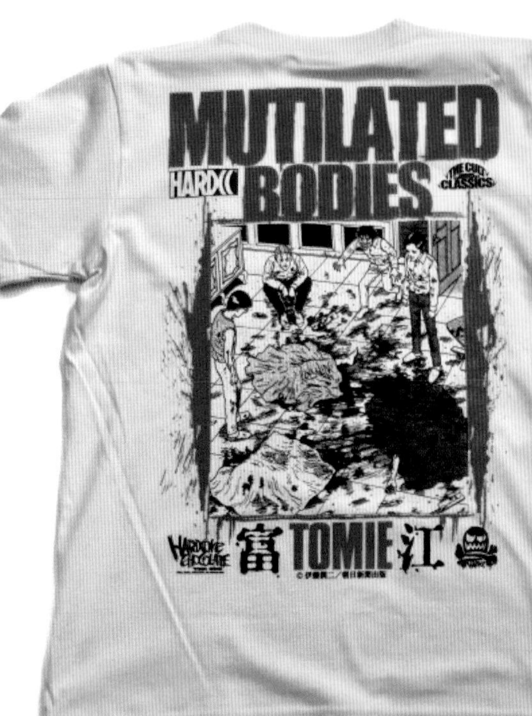

46 ケンガンアシュラ －KUROKI－（魔槍ブラック）

47 ケンガンアシュラ －THE TOURNAMENT OF DEATH－

原作 サンドロビッチ・ヤバ子、作画・だろめおん

つのだじろう

48 うしろの百太郎（コックリ殺人イエロー）

49 うしろの百太郎（イヌ神憑きレッド）

50 恐怖新聞（チャンピオンブルー）

51 恐怖新聞（呪いレッド）

48〜51 '70年代にホラー漫画ブームの火付け役となった、漫画家・つのだじろう。「恐怖新聞」「うしろの百太郎」、などに影響を受けていて、許諾が下りた時は震えましたね。48はバックプリントが気に入っていて、死のゲーム"こっくりさん"で全員死ぬという話。漫画の中から「うわあああっ!」「たすけて!」というセリフも別で抜き出して、今、絶命していく感じを表現できたかな、と。50・51の「恐怖新聞」は実は2種類発表し、"赤"は原作の代表的シーンの新聞が飛び込んでくる瞬間。幽霊、鮮血などを使いザ・ホラーの仕上がりに。"青"は、つのだじろう先生の手書きのタイトルに毎回痺れていたんすよ。だから主人公・鬼形礼の周りを、各話のタイトルで囲むように埋めました。釣鐘状にバランスよく埋める作業は時間が掛かったけど、自分自身も納得できる1枚に。恐怖新聞は正面を向いているシーンが少ないので、探すのにも苦労しましたね。

櫻井稔文

52 絶望の犯島―100人のブリーフ男vs1人の改造ギャル

53 七色いんこ／RAINBOW PARAKEET

54 ブラック・ジャック／医者はどこだ！（BJブラック）

55 ふしぎなメルモ（ミラクルキャンディーロイヤルブルー）

手塚治虫

comic 53〜61手塚プロは素材は豊富にあるんだけど、コアチョコ向きの素材を選ぶのには少々難航した。話し合いの結果、コミックスの好きな場面から抜き出して構築する事になった。デザインの肝となる「イジリ」もそこそこに、非常にシンプルな味付けになっている。中でも好きなのは53「七色いんこ」。'81年に『週刊少年チャンピオン』に連載された作品で、代役専門の天才舞台役者が実は怪盗だったという物語。手塚作品の中ではややマイナーな存在だったので、素材も無かった。過去にグッズ化の例もほぼ無かったという話だったので「俺がやる！」みたいな使命感が湧いてきたんだよね（笑）。七色とタイトルにあるので七色プリントで行ければいいんだけど、予算的にそれは出来ない。なので裏技としてグラデーションで七色を再現。これはズバッと決まったね（笑）。手塚作品で一番売れたのは62の「ユニコ」かな？女子児童向け作品なので普段のコアチョコらしさを極力抑えた。ボディは水色、プリントはピンクというファンシーさを全開に。結果、ヴィレッジヴァンガードに大量入荷されるなど、女性にかなり好評でしたね。

56 ジャングル大帝／パンジャ（大帝バニラホワイト）

57 ジャングル大帝／レオと仲間たち（白獅子ホワイト）

58 アドルフに告ぐ／MESSAGE TO ADOLF

59 どろろ／HUNT THE 48 DEMONS!

60 どろろ／百鬼丸の巻（ばんもんブラック）

61 ドン・ドラキュラ／Vampire from Nerima

上村一夫

62 ユニコ（ユニコーンライトブルー）

63 ブラックジャック／THE BLACK SURGEONS（ブラック）

64 ブラックジャック／The SL Called Life

65 LEGEND OF GEKIGA（男と女のロイヤルブルー）

66 同棲時代 —愛の行方—

comic 65～66昭和の絵師と称され、「同棲時代」などの代表作で知られる上村一夫。作品誕生から50年近く経過していることもあり、現在のコアチョコを愛する世代にとっては"新しい"絵柄。この線の細い画風を際立たせるためにシンプルな構成に。

山本英夫

67 殺し屋1 KAKIHARA THE TERRIBLE（垣原）

68 殺し屋1 THE KILLING MACHINE（イチ）

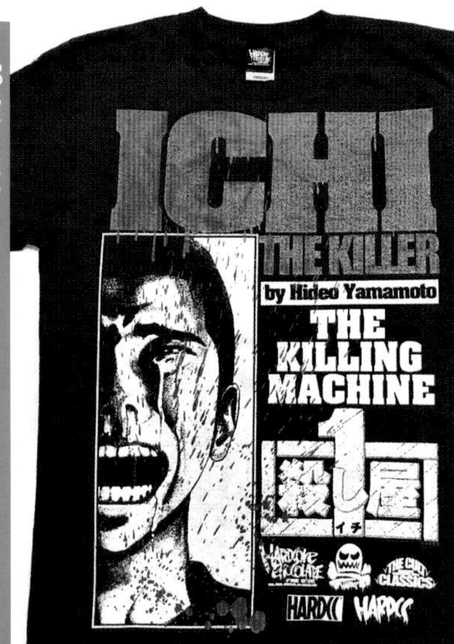

相原コージ

69 相原コージZ ～ゼット～（DAWN OF THE BLACK）

真鍋昌平

70 闇金ウシジマくん ―USHIJIMA THE LOAN SHARK―

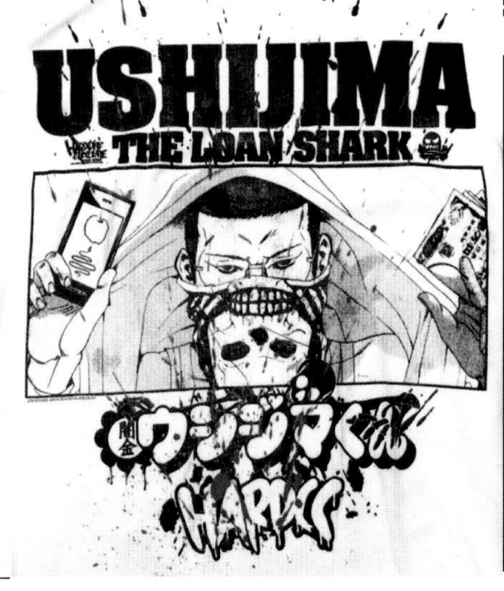

67～68いじめられっ子が殺人マシーンと化し、歌舞伎町のヤクザマンションを舞台に殺戮を繰り広げる山本英夫による残虐漫画「殺し屋1」。本来ならば主人公のイチをメインに据えたいところも、この作品でファンが多いのはやっぱりマゾのヤクザ垣原雅雄に他ならない。本当はもっと残虐なシーンを使いたかったけど、そうすると町中で着れないもん（笑）。で、垣原の顔に返り血を浴びせました、雰囲気を出すために。国外のファンも多い漫画なので、外人さんが結構買っていく印象。70残虐といえば、社会の"闇"を炙り出す累計1,000万部突破の人気漫画「闇金ウシジマくん」もそう。"闇金"から黒いボディを連想しがちだけど、コミックカバーを見てもわかるように"白いデザイン"が多い。この表情が印象的な画風こそ、白ボディが生きるかなと。

71 プロレス・スターウォーズ ─プロレスの祭典（長袖）─

原作 原 康史（桜井康雄）
作画 みのもけんじ

72 プロレス・スターウォーズ ─怪物同盟─

73 プロレス・スターウォーズ ─最終兵器ウォリアーズ─

74 プロレス・スターウォーズ ─第三次世界大戦─

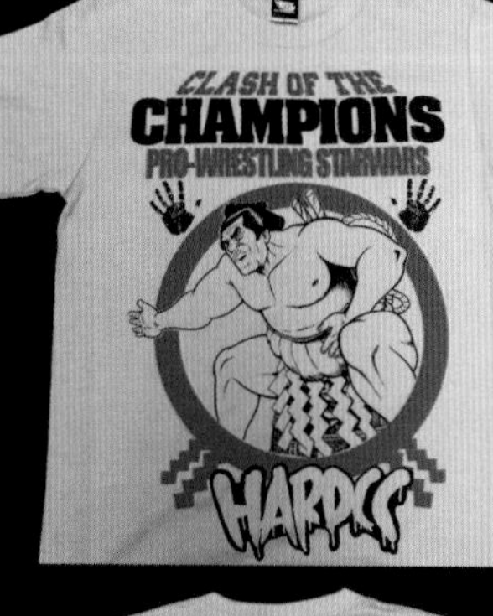

comic 71〜78 '84年から3年間に渡り『月刊フレッシュジャンプ』で連載された「プロレス・スターウォーズ」。実在するプロレスラーが多数登場し、現実とは違う“もしも…”という設定に数多くの信者を作った。俺もその一人。71のバックプリントは、プロレスポスターの王道の出場者全員を並べたもの。この手法は他のTシャツにも使っているので、俺の必勝パターンの一つではある。↗

75 プロレス・スターウォーズ ―アメリカン・プロレス軍

76 プロレス・スターウォーズ ―日本連合軍

77 プロレス・スターウォーズ ―B.I― THE REAL WARRIORS

78 プロレス・スターウォーズ ―JAPANESE HELL!― ザ・ロード・ウォリアーズ（七分袖ブラックエディション）

長袖に並んでいる顔も、'80年代当時のアメリカのプロレス団体「AWA」のグッズで、似たような狂ったデザインがあり、そのオマージュです。メインプロレスラーだけではなく、ちょい役だった山本小鉄、ドリー・ファンク・シニア、実況の古舘伊知郎も入っている、ファンを満足させるオールスターの1枚。75〜76青は「プロレス・スターウォーズ―日本連合軍」、赤は「アメリカン・プロレス軍」。フロントはキャラクターが山のように積み重なっている定番のデザイン。これは一人一人を単行本から切り取って、しっかりカッコよくなるように組み立てている。時間のかかる面倒な作業も、完成品を見たらやってよかったな、と思う。

マンガ

高橋よしひろ

79 銀牙 ―流れ星 銀― （抜刀牙ブラック）

80 白い戦士ヤマト （闘犬バニラホワイト）

comic

79熊犬・銀の冒険熱血青春ドラマ「銀牙 ―流れ星 銀―」。未だに掲載媒体を変え、シリーズ続編が連載され続ける名作。バックプリントを見て分かるように、これもキャラクターを一匹ずつ切り取り、積み上げていく。これが本当に時間がかかる作業で、作品内に出てくるグループで分けて、強さで上下をつけていく。デザインは地味な作業が多い。

81 ULTRAMAN（FATE）

原作 清水栄一 作画 下口智裕

82 地獄の子守唄（INFERNO）

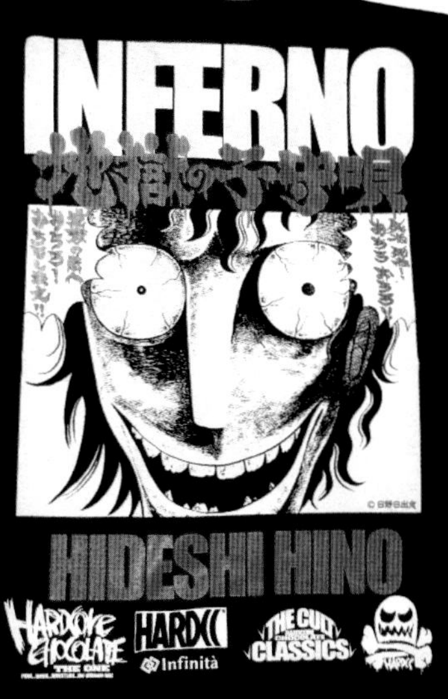

83 毒虫小僧（THE BUG BOY）

日野日出志

82～84デビューから半世紀を迎えたホラー漫画の重鎮、日野日出志。小学校時代に俺の学校で大ブームになった。まあ俺が普及活動をしたんだけど（笑）。特に「地獄の子守唄」、「蔵六の奇病」、「毒虫小僧」の3つが好きだった。特に82はお気に入り。フロント、バックプリントの「地獄の子守唄」は俺の手描きで、何度も"日野テイスト"に近づけるために試行錯誤。バックの赤字になっているセリフ部分もインパクトをあたえるために手描きを採用した。

マンガ

84 蔵六の奇病（ZOUROKU'S DISEASE）

85 サーカス綺譚（Freak show）

86 エコエコアザラク（ロータスソードホワイト）

87 エコエコアザラク 黒井ミサ（黒魔術ブラック）

comic 86～87黒魔術を駆使する若い魔女・黒井ミサを主人公に、人々の心の闇を描くホラー漫画「エコエコアザラク」。これも'75年連載の古い作品の為、良い素材がなかった。なのでコミックから好きなカットを抜き出す形に。この作品は1話完結型なので、なかなか印象的なシーンが少ないのが悩みどころでしたね。

88 アイアムアヒーロー（THE BEGINNING OF THE END）

花沢健吾

ちばてつや

89 泪橋／MIDNIGHT BLUES（ドヤ街ナチュラル）

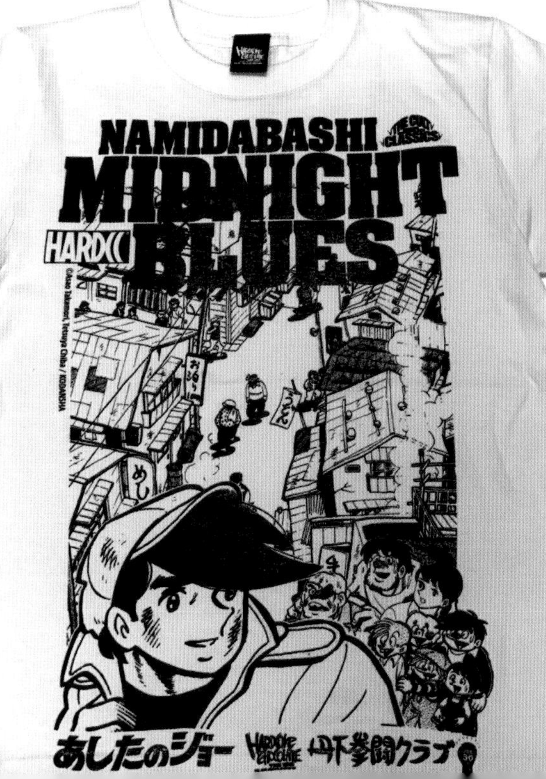

89〜92力石徹の葬式が現実社会で行われるなど、社会現象になった高森朝雄（梶原一騎）原作、ちばてつや作画によるボクシングマンガ「あしたのジョー」。講談社に掛け合い、帽子やパーカーなどの多くの商品を出すことになった。 89「泪橋」はどうしても出したかった。“ドヤ街”を連想させる、くすんだホワイトをボディカラーに使用。作品の定番シーンを使う時は、ブラックよりも“ホワイト”のほうが万人が着れるという意識がある

マンガ

90 カーロス・リベラ／RIVERA（ベネズエラアイビーグリーン）

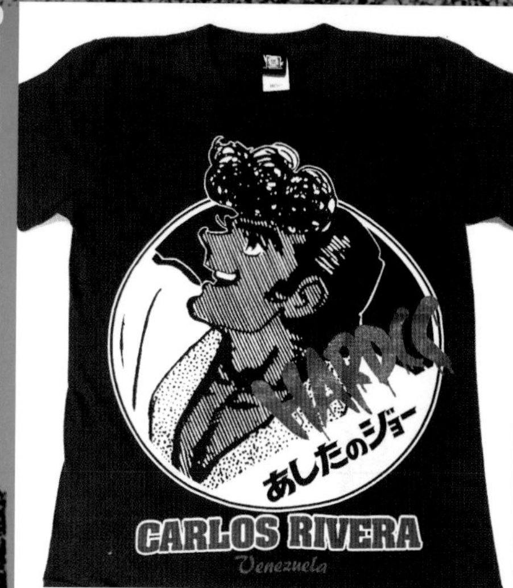

91 ホセ・メンドーサ／MENDOZA（メキシコブラック）

92 殺し屋ジョー（バンダムホワイト）

comic 90〜91ジョーのライバルも出すことが決まり、今回はカーロス・リベラ、ホセ・メンドーサ、力石徹の3人に絞った（本書では力石徹は不掲載）。本当に強力な対戦相手だったから、バックプリントではジョーが殴られているシーンを中心に（笑）。ハリマオ、金竜飛の要望もあるけど、全部に応えてたら大変だよ、こっちだって（笑）。「あしたのジョー」連載開始50周年を記念した挑戦的なオリジナルTVアニメーション「メガロボクス」のTシャツも出しているので、ほぼコンプリート感はありますね。

93 カムイ伝／KAMUI THE NINJA STORY（雀落しバーガンディ）

94 カムイ伝／CHAOS EDO（常風ホワイト）

95 カムイ伝／KONOMATO THE GENTLEMAN THIEF（空蝉ブラック）

96 カムイ伝／THE LEGEND OF KAMUI（飯綱落しラグラン）

93〜96忍者漫画ながら、江戸時代の様々な階級の人間たちを深く描きだす戦後日本マンガ史における名作「カムイ伝」。誕生から50年以上経ち、70〜80年代に生まれた僕らには“図書館にある漫画”で、非常に学びが多かった。Tシャツにする際に、作品を何度も読むも、ベストなカットがなかった。そこで使ったのが白土三平のイラスト集。そこには”決めカット”と言えるカムイが描かれていた。あとこの作品の動物達の生命の過酷さ、尊さもあり，93はバックプリントで命を表現している。

98
コブラ —COBRA—
（黄金とダイヤネイビー）

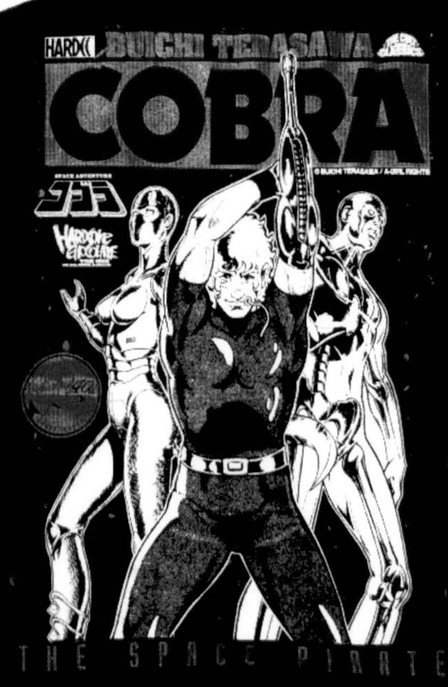

97
コブラ —COBRA—
（サイコガンブラック）

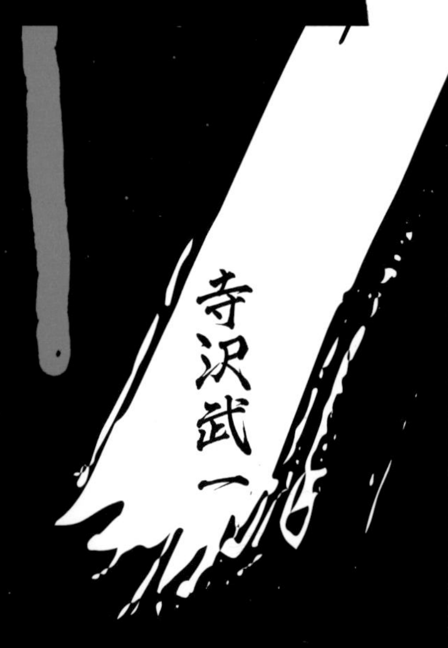

comic 寺沢武一による痛快SFアクション漫画「コブラ」。間違いなくジャンプ黄金期を支えた名作のひとつで、正直、少年時代の俺にはピンとこなかった。大人になって読み返すと素晴らしくカッコいい。敬愛の意味を込めて、97はド定番の赤文字に主人公コブラと相棒アーマロイド・レディとクリスタル・ボーイを。98は自分が好きなエピソードから。オフィシャル感が強いのは、「HARDCC」のロゴが小さいからでしょうね。小さなこだわりで、ジャンプ掲載時のカタカナタイトルロゴを入れているのがポイントかな。寺沢先生もこのデザインを気に入ってくれて、お褒めのお言葉を頂きました

平松伸二

99 THE PROFESSIONAL MURDERS（松田レッド）ブラック・エンジェルズ

100 THE PROFESSIONAL MURDERS（雪藤パープル）ブラック・エンジェルズ

99〜100「ドーベルマン刑事」「ブラック・エンジェルズ」など、世にはびこる“ド外道”たちを主人公が裁いていく過激なバイオレンス作品を得意にする平松伸二。やっぱり100のほうが象徴的な殺人シーンでインパクトがあり好みではあるも、売れるのは雪藤よりも松田ですね（笑）。

マンガ

101 ブラック商会　変奇郎
(BLACK SHOKAI HENKIRO)

藤子不二雄Ⓐ

102 オオカミ男（ウォーでがんすダークブラウン）

103 ドラキュラ（ザマスブラック）

104 怪子ちゃん（ンマーッホワイト）

105 怪物くん（ピキピキドカンホワイト）

comic

101〜113説明不要といえる漫画界の巨匠・藤子不二雄Ⓐ。王道の作品は押えつつも、一般的知名度の低い作品も絶対挑戦したかった。101の「ブラック商会 変奇郎」は特にお気に入り。バックプリントのパネルのような配置は、作品掲載当時（'76年）のクイズ番組「霊感ヤマカン第六感」（テレビ朝日）のオープニングがカッコ良くて、そこからインスパイアされました。やっぱり作品と“当時の流行りモノ”を複合すると、デザインは一気に良くなる。Wikipediaで歴史的な縦の知識は簡単に調べられるけど、当時の流行など付随する“横の知識”はなかなか出てこない。資料集めて読みながら横の知識を増やすことで、例えば変奇郎時代はどんな流行歌があったか、どこの野球チームが強かったのかなどを知り、デザインの幅（選択肢）が広がっていく。

106 フランケン（フンガーターコイズブルー）

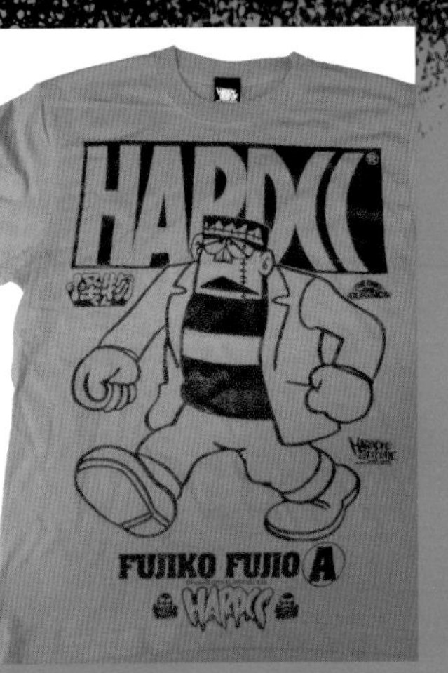

107 まんが道（MANGAMICHI）

108 怪物大王（怪物ランドブラック）

109 藤子不二雄Ⓐ（FUJIKO FUJIO Ⓐ）

110 フータくん（JACK OF ALL TRADES）

102～106「怪物くん」は超メジャー作品で、象徴的なシーンはたくさんあるから、あえて"外し"を意識。例えば102のオオカミ男は普通ならば変身前のコック姿やジャンパーを着ている姿を選びがち。でも、この1枚は、蝋人形作家の怪物が、オオカミ男を蝋人形にしたときのカットなんですよ。子供の頃からこのコマが大好きだし、作品好きは「何でこのコマ?」と引っ掛かる。他のドラキュラやフランケンもシンプルに見えて、ボディカラーがしっかり合うか探していますから。まだまだ先生の作品は「プロゴルファー猿」など名作も多いから、出し続けたい。でも、「笑ゥせぇるすまん」は人気がありすぎて他ブランドがやっているので、やらなくていいかな、と(笑)。

マンガ

111 魔太郎がくる!!（怪奇やブラック）

112 魔太郎がくる!!（うらみ念法ブルー）

113 ぶきみな5週間（WEIRD FIVE WEEKS）

comic 111～112 藤子不二雄Ⓐが'72年に発表した代表作のひとつ「魔太郎がくる!!」。ひ弱で根暗な少年が、イジメに対してサタンとの契約によって超能力「うらみ念法」で復讐する内容。コアチョコの藤子不二雄Ⓐ作品群の中でも売り上げは一番。でも、個人的には113の「ぶきみな5週間」が好きで、5段組みで1週ずつの悲劇をしっかり収録。子供の頃に読んだトラウマ作品を着る、というのが凄く好きですね（笑）。

114 山田花子 ―問題児― (オタンチンナチュラルカラー)

115 山田花子 ―マリアの肛門― (暗闇ブラック)

114〜115中学三年生という若さで『なかよしデラックス』でデビューを飾り、「差別」や「いじめ」、「自意識」など心の闇をテーマとした作品で熱狂的な支持を得た山田花子。24歳の若さで自ら命を絶ち、伝説となった彼女はいまだに女性中心に信者が多い。脱力系に見えながらも、絵柄はすごくインパクトがある。作風的にも、デザインはゴチャゴチャさせず、114は絵だけ。115もロゴだけでシンプルに構成。女性も着やすく、「コアチョコはこんなこともできるんですよ」という幅を見せたかった。

宮下あきら

116
「ボギー THE GREAT」
コルト・サンドカーキ

117
「瑪羅門の家族」
青凛バニラホワイト

comic 116〜119 '85年に『週刊少年ジャンプ』で連載された「魁!! 男塾」を筆頭に、男臭い奇想天外な漫画で人気の宮下あきら先生。男塾はコアチョコと合いそうと思う反面、もはや大手が大々的に出していたので外すことを選びました。世代的に「激!!極虎一家」は外せない。あとは「ボギーTHE GREAT」と「瑪羅門の家族」は他のブランドも手を出さないと思い採用を決めた。↗

118
「激!! 極虎一家・学帽 政」極道ホワイト

119
「激!! 極虎一家・極道決戦」七宝報国ブラック

特に瑪羅門は連載当時、神戸連続児童殺傷事件の犯人・少年Aが、犯行声明文でセリフを引用したことから、単行本は絶版となった封印作品。だれかが復活させなくちゃ、と思い俺がやってみた。ちなみに、宮下先生は他にも諸事情で打ち切りになった作品があり、それはさすがにTシャツにはできませんでしたね。

マンガ

120 PUBLIC ENEMY – 白山 HELL STREET（BE-BOP-HIGHSCHOOL）

121 TACHIBANA – 頂上作戦（BE-BOP-HIGHSCHOOL）

きうちかずひろ

comic

120〜124 '83年に『週刊ヤングマガジン』で連載開始された「BE-BOP-HIGHSCHOOL」は、それまでの不良漫画とは違う日常要素、恋愛要素など角度の異なったアプローチで新しい"ツッパリ"漫画として大ヒットを記録。コアチョコでは映画版も出しているが、やはり漫画版も外せない。個人的に好きなのは120の「白山編」。作品の最大の山場と言える伝説の抗争で、白山三羽ガラスのチャッピー、大杉、松本を筆頭にガチャピン、朴の天保工業！ 強くて、悪いやつがウジャウジャ出てきて、週刊連載で本当に目が離せなかった。バックプリントに主要キャラを全員載せて、隙間に白山寺の駅や彼らの溜まり場の喫茶店。そしてヒップホップ・グループ「PUBLIC ENEMY」の名前と、一番下に彼らのアルバム「Rebirth ob a nation」の文字。ちなみに「PUBLIC ENEMY」の意味は"公共の敵"。作品とは関係ないし、講談社の人は「そんなこと知ったこっちゃない」って感じだったと思うけど（笑）。

122 BE-BOP-HIGHSCHOOL-TEEN AGE VIOLENT SPORTS CLASS OF '83
(BE-BOP-HIGHSCHOOL)

123 THE MOST DANGEROUS COMBI 城東退学組
(BE-BOP-HIGHSCHOOL)

124 AITOKU THE BRAWL
(BE-BOP-HIGHSCHOOL)

123もヒロシ&トオルの怨敵、城東退学組の柴田&西。「中間、俺の歯入れてくれよ！」と迫る原作屈指の名シーンに、彼らの武器である金属バット、包丁を中央に配置。凶暴過ぎる2人だから、「MOST DANGEROUS COMBI」。キン肉マンでも使われる愛称ですけど、コッチも十分危険過ぎるから。このデザイン配置が本当に好きで、映画の実写版でも同じデザインで作りましたね。BE-BOPは本当に好きな作品だから、爆裂都市と同じくしつこく作りたい。ウェブ通販よりも、ヤンキー雑誌『チャンプロード』に広告載せたら売れたのも面白かったですね。

anime アニメ

クールジャパンの大黒柱「アニメ」。作品をそのまま貼り付けたようなデザインでは、いわゆる“オタク向き”になりファッション性はどうしても低い。原作の良さを活かしながらも、“着れるアニメ”に仕上げた妙技を見よ!

01 仁義なきグレンラガン

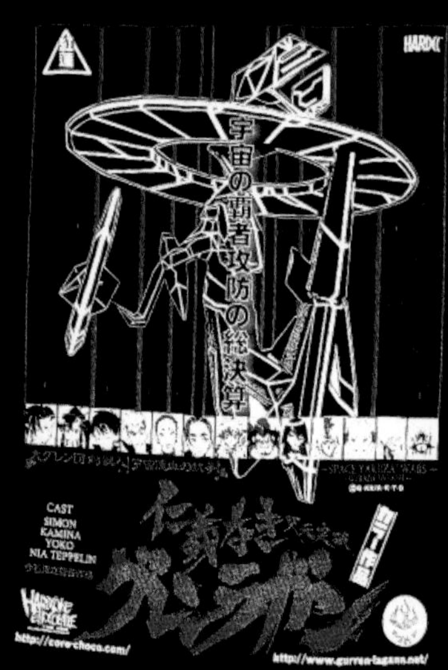

02 リトルウィッチアカデミア 魔法仕掛けのパレード －Little Witch Academia－

01新世紀エヴァンゲリオンを手がけたアニメ制作会社「ガイナックス」の関係者が、コアチョコの大ファンだったことからコラボ企画がスタート。'07年当時、放送が終わったばかりだった「天元突破グレンラガン」で第一弾をやることになる。ロボット・主要キャラなど、どう考えてもアニメTシャツにしかならなかった。担当者から「コアチョコ流に好き勝手やってほしい」という発注だったので、思いっきり映画に振り切る事に。「仁義なき戦い」をベースにグレンラガンの最終決戦をバックにデザイン。紅蓮を東映風にするなど遊び心がいっぱいの1枚。

02「リトルウィッチアカデミア」も、自分の中でコアチョコっぽくなく正統派な仕上がり。頂いた素材はアニメで、背景も複雑に描かれているからキャラクターを1人1人切り取る作業が本当に大変だった。もっと簡単に切り取る方法があるのかもしれないけど、昔気質の職人みたいに「今ある技術でやりたいんだ」という感じっすね(笑)。

03
キルラキル（KILL la KILL）2019 復刻版 鬼龍院皐月（純潔ブルー）

04
キルラキル（KILL la KILL）2019 復刻版 纏流子（鮮血レッド）

05
キルラキル（KILL la KILL）2019 復刻版 満艦飾マコ（ド天然イエロー）

03〜05「グレンガラン」と同じガイナックスの今石洋之×中島かずきによる傑作アニメ「キルラキル」。04はフロントに印象的なロゴを配し、バックでは纏流子と片太刀バサミ（VSテニス部）。個人的には05が好きで、バックは満艦飾マコのバトルバージョンである“バンカラ”に。喧嘩道なんて言葉はアニメには関係ないけど、番長だから添えてみたり。シンプルに仕上げた結果、ファンにも響き、その年の夏で一番売れたシリーズとなりました。’19年のBlu-rayBOXの発売に合わせて復刻し、ずっと好調です。

06 パンティ＆ストッキング with ガーターベルト・DATEN TONIGHT（ピンク）

07 パンティ＆ストッキング with ガーターベルト3（バーガンディラグラン）

08 パンティ＆ストッキング with ガーターベルト（ピンク）

anime

ガイナックスのグレンラガンシリーズが好評だったこともあり、この06〜08の「パンティ＆ストッキング」公開前段階から着手。アニメシリーズで毎話、映画のタイトルをもじったものにするそうで、だったらと全部のロゴを入れたのが06。そして08はまだ放送前で素材が少ない中で、ちょっとオタク寄り過ぎるのもキツイかな？ と考えて“実写版”を勝手に作ってみたんです。ガイナックスもよくOKしてくれましたよ、器がデカい。

09「ロボットガールズZ」チームG
―俺がやめたら誰がやるのか！　若い命が真っ赤に燃えて！―

10「ロボットガールズZ」チームZ
―無敵の力はアタシのために！―

09・10永井豪原作・東映制作アニメ「ロボットガールズZ」。これは「マジンガー」シリーズの各主役ロボットを美少女キャラ化したもので、正直デザインは相当悩みましたね。秋葉原のオタクカルチャーを参考に、最終的には何処までコアチョコのフィールドに持ってこれるかがポイントに。この時は、「声優さんの手描きのセリフを使ってほしい」という要望があり、工夫が必要でしたね。

アニメ

11ガンメンハンター　銃殺リンチ

12 SSSS.GRIDMAN —グリッドマン—（アクセスフラッシュホワイト）

13 ガンバの冒険（がんばり屋のガンバオレンジ）

14 ガンバの冒険（ノロイブラック）

anime

'75年に放送され、小さなネズミのガンバが残虐な白イタチのノロイを倒すべく大冒険を繰り広げる「ガンバの冒険」。13のポイントはボディ下部にある「GAMBA」の文字のところにヒゲを生やしたことかな。14のノロイは主要キャラを全部入れて、ノロイの凶悪さを出すために引っ掻き痕を入れようと。そのシーンを探す作業は疲れましたね（笑）。

15 ニンジャスレイヤー／CYBERPUNK METROPOLIS OF NEOSAITAMA

16 ニンジャスレイヤー／LAST GIRL STANDING（ヤモト・コキ）

17 チャージマン研！（ジュラルブラック）

’74年に放送されたテレビアニメ「チャージマン研!」。ぶっ飛んだ展開や演出、インパクトのあるセリフ回しで、数十年後にネットで掘り起こされて大ブームになった作品。コラボが決まるも、素材にほとんど良いカットがなかった。17のメインカットもレコードジャケットのもの。コアチョコらしさを出すために、イギリスのハードコアパンクバンド「G.B.H」のロゴのパロディにしました。

アニメ

18 メガロボクス
（ギア・テクノロジーブラック）

19 DON CHUCK CASTORO
（ザワザワ森ブラック）
—ドン・チャック物語—

20 NO WAR!
（アリストテレスゴールド）
—ドン・チャック物語—

anime

19〜20ドン・チャックは後楽園ゆうえんち（現・東京ドームシティアトラクションズ）から派生したマスコットキャラクター。'75年にはテレビアニメも開始、ドン・チャックは一躍有名に。ただ内容は結構暴力的なシーンもあり、20のTシャツでわかるように主人公がボコボコにされてネットでも残虐過ぎると話題に。これ本当は片目が腫れて閉じているカットなんだけど、制作会社のほうから「目を開けてるのにしてください」と要望をうけて片目だけ合成したんです（笑）。さらに「NO WAR!（争いはやめよう）」を入れて、パンクっぽいロゴにし、各話を出演バンドみたいに入れたパンクフェス的な仕上がりに。

21 ユリ熊嵐
—椿輝紅羽 with ライフ・ジャッジメンズ・ガイズ（私はスキをあきらめないブルー）

22 ユリ熊嵐
—百合ヶ咲るる（スキがキスになるライムグリーン）

23 ユリ熊嵐
—百合城銀子（デリシャスメルピンク）

21〜23 '15年1月〜3月に放送されたアニメ「ユリ熊嵐」。「キルラキル」シリーズがコアチョコでもヒットした関係で、次は何かな？ とオファーしたもの。絵柄がすごく可愛く惹かれるものがあった。今回は赤、青、緑の三色を出しました。

アニメ

24 MASKED WORLD LEAGUE 1970（タイガーマスク）

25 DOOMSDAY! タイガーマスク最後の日（タイガーマスク）

anime

'69年から2年間放送され、漫画・プロレスも連動して大ブームを巻き起こした「タイガーマスク」。オススメは24の「MASKED WORLD LEAGUE 1970」で、リーグ戦参加者達が飛行機から降りてくるシーンは当時の子供たちを熱狂させた。バックプリントは俺の得意とする実在のプロレスポスターに寄せたデザインで、ポイントは「覆面ワールドリーグ戦」の文字。これ当時のプロレス界を席巻していた日本プロレス界の祖・力道山が設立した「日本プロレス」のフォントに寄せている。左下の「世紀の対決」もそう。当時のフォントに近いものを使うことで、世界観が強まる。

26 TIGER MASK/BLOOD JUSTICE（タイガーマスク）

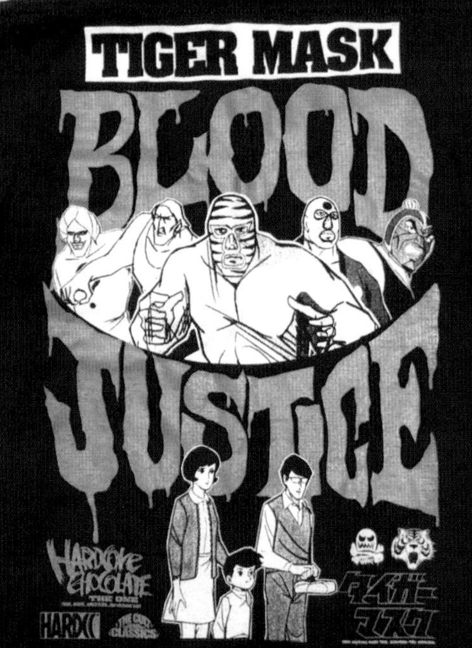

27 グレート・ゼブラ（タイガーマスク）

25〜27も版元に素材がなく、アニメを全話見直してキャプチャーするのが大変だった。他にパーカーも出していて、これも含めると“虎の穴の軍団”が総出演。雑魚キャラの良い顔を探すのにも時間がかかりましたね。さすがに「ナチス・ユンケル」は入れるなと言われましたけど（笑）。

アニメ

28 タイムボカン（TIME BOKAN）
タイムメカブトン・ターコイズブルー

29 ゴールドライタン
（メカニカル・ダンシング・ブラック）

30 ドロンボー（DOROMBOW）
おしおきだべぇブラック

anime

「マッハGoGoGo」「科学忍者隊ガッチャマン」「タイムボカンシリーズ」など、世界中で愛される数多くの作品を送り出してきたアニメーション制作会社の老舗、タツノコプロ。個人的にオススメは28の「タイムボカン」。ボディカラーを主要メカの“タイムメカブトン”に合わせていて、文字の黄色はタイヤの色。30は世代的に「ヤッターマン」は外せず、ドロンジョ様しかりですね。お約束のセクシーカットを使ったら大好評。その他にも40「ガッチャマン」、35「テッカマン」、41「ポリマー」のタツノコヒーローもやりました。

31 ゼンダマン(ZENDAMAN)シシポッポネイビー

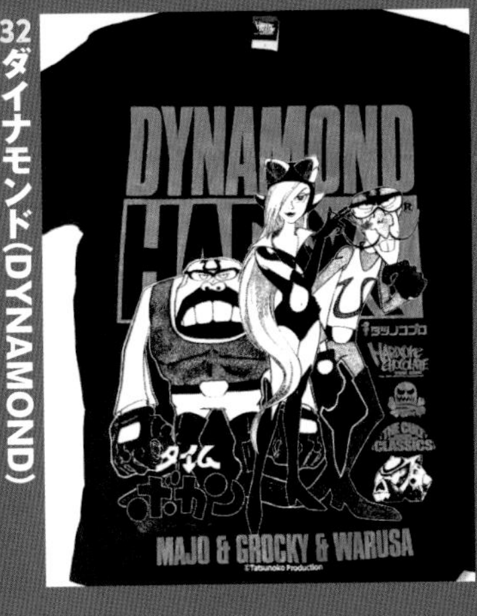

32 ダイナモンド(DYNAMOND)悪玉ブラック

33 ポールのミラクル大作戦（PAULS MILACULOUS ADVENTURES）ベルトサタンブラック

34 ヤッターマン(YATTERMAN)正義ホワイト

35 宇宙の騎士テッカマン（TEKKAMAN）南十字星ブラック

36 樫の木モック（KASHINOKI MOKKU）ピコピコピンカーキ

37 けろっこデメタン(DEMETAN& RANATAN) 虹の池グリーン

38 新造人間キャシャーン（CASSHAN）流星サックス

39 機甲創世記モスピーダ（レフレックス・ブラック）

次にタツノコはメルヘンも強みなので、44・45「みなしごハッチ」。そして他ブランドでは絶対出ないであろう36「樫の木モック」へ……。こうした作品を世に残せたっていう部分で自分では満足している。自分が幼少期に観たアニメに関われるのは、やっぱり感慨深い。'82年放送の「逆転イッパツマン」は、今迄の動物や昆虫をモチーフにしたメカモノと違い、巨大ロボが登場して"名作"の呼び声が高い。是非、これはやるべきと思った。個人的に思い入れも強く、フロントプリントの下部にある「三冠王」「逆転王」は俺の手描き文字。29の「ゴールドライタン」も思い入れは強い。金色のライターがロボットに変形し、悪の軍団と戦う内容で、超合金の玩具が爆発的に流行った。Tシャツもブラックボディに映える黄金のプリントで、デザインもボックスロゴを大きく使いゴツイさを際立たている。タツノコシリーズは他のTシャツもボックスロゴとの相性が良い。

40 科学忍者隊ガッチャマン(GATCHAMAN) バードランホワイト

41 破裏拳ポリマー(POLIMAR) 幻影バーガンディ

42 逆転イッパツマン (レインボールライトグレー)

43 逆転イッパツマン／逆転王・三冠王 (三冠ミサイルブラック)

44 昆虫物語 みなしごハッチA (MINASHIGO HUTCH) ミツバチホワイト

45 昆虫物語 みなしごハッチB (MINASHIGO HUTCH) ハチミツブラック

46 タツノコランド(TATSUNOKO LAND) メルヘンスミカラー

anime 「ハクション大魔王」のTシャツは、どうしてもキャッチーなアクビちゃんにデザインが集中しがち。でも主役は大魔王だし、大好物のハンバーグも入れたかったから47を作った。ハンバーグ部分と「HANBURG PLEASE!」の部分で数種類のインクを使っているように見えるのは、グラデーションで調整している。今後もタツノコシリーズは出していきたくて、「タイムパトロール隊オタスケマン」「イタダキマン」などウルトラ怪獣シリーズと同じく完全制覇したいと思っている。

47 ハクション大魔王（ハンバーグ・ブラック）

48 ハクション大魔王（呼ばれて飛び出てジャジャジャジャーン！ ホワイト）

49 アクビちゃん（アラビン・カラピン・スカンピーン・ラベンダー）

UltRa KaiJU
ウルトラ怪獣

日本が誇る特撮ヒーロー「ウルトラマン」。この作品が爆発的に流行した最大の要因は、主役ではなく個性豊かな怪獣たちの魅力ではなかろうか。時に凶悪に、時に可愛らしく、時に悲しく。主役を食った怪獣たちはTシャツの中で躍動する！

01 ダダA（エリートホワイト）

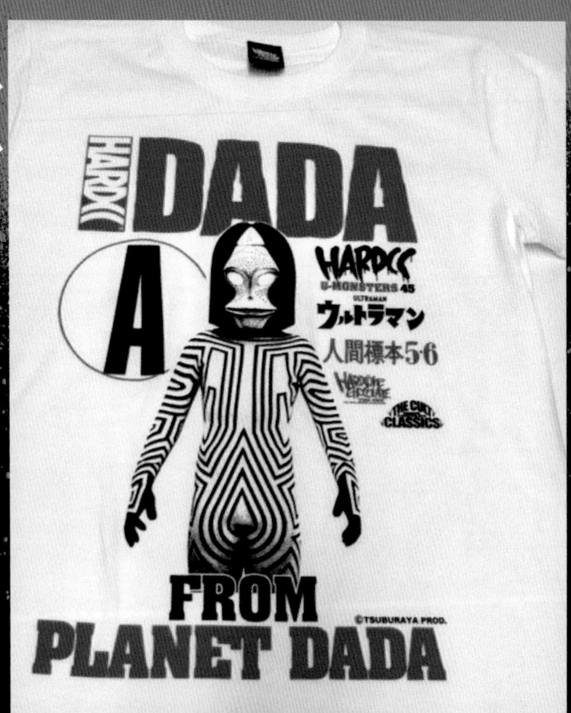

ダダB（ブレイカーホワイト）

ダダC（コマンドホワイト）

01初代ウルトラマンに登場した三面怪人のダダ。シマウマのような白黒の胴体を持ち、3つの顔面を使い分けることができる。でも、戦闘力は低く素手の地球人にも勝てないほど弱い…。その哀愁が人気のポイントでもある。やっぱり遊び心として3種類は出しますよね（笑）。

02 恐竜戦車（戦車怪獣シルバー）

DINOSAUR
ウルトラセブン
7
TANK

02ウルトラセブン第28話「700キロを突っ走れ！」に登場する怪獣。そのシンプルすぎるルックスが少年の心を鷲掴みに。だから余計な飾りもしない。

03～54「ウルトラマン」は本当に子供心に魅了された作品。幼少期の頃、“ワールドスタンプブック”というシールを集めるのが大流行。俺も無我夢中で集めたお陰で、どんどん詳しくなり学校で「怪獣博士」なんて呼ばれていた。大人になった今でも胸熱くなる作品。そしてコアチョコで特撮をやることになり、やっぱりウルトラマンは外せない。でも、ウルトラマンのTシャツは子供が着るものに寄りがち。だからコアチョコとしては「怪獣」で勝負したかった。なんせ、第一弾が05「ブラック指令」ですもん（笑）。普通ならばメジャーなバルタン星人やピグモンを出すと思う。ブラック指令を最初に持ってきたのはコアチョコの“決意表明”の表れ。怪獣マニアをどれだけ唸らせるかがポイントで。毎回すごく考えている。「コアチョコ…今月はコレかよ!?」と思わせる戦いですよね。でも、あまりにもマニアック過ぎると話題にもならないから、バランスを考えている。毎回2種類出すから、1枚はマニア向け、もう1枚は人気怪獣、みたいな。あと、最近は毎年冬の恒例の映画上映イベント「コアチョコ映画祭」でもウルトラマン作品を必ず上映していて、それに絡めて同時発売したり。デザイン的には、基本真ん中に怪獣を置き、上下で怪獣名・特徴的な言葉等で挟む。主役はどうしても怪獣なので、レイアウトを崩さないのが基本。

12 レッドキング（多々島メロンカラー）

13 ガラモン（隕石怪獣ホワイト）

14 ピグモン（友好珍獣オレンジ）

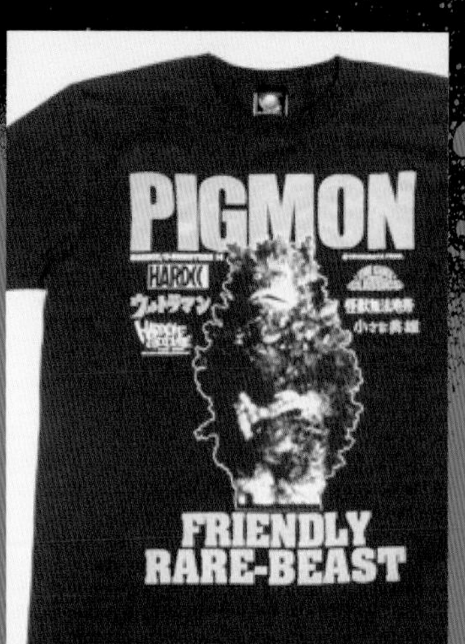

15 ゴモラ（古代怪獣レッド）

16 ブラックキング（用心棒怪獣ゴールド）

17 ナックル星人（暗殺オレンジレッド）

18 タイラント（凶悪暴君シルバー）

19 ヒッポリト星人（地獄星人チェリーレッド）

20 キングジョー（デスト・レイライトベージュ）

21 ウインダム、ミクラス、アギラ（カプセル怪獣ライトグレー）

22 ナース（ワイルドブラック）

23 バルキー星人（海人スレート）

24 エレキング（光刃ライトイエロー）

25 巨大ヤプール（異次元超人バーガンディ）

26 カネゴン（金の亡者ブラック）

27 ゼットン（宇宙恐竜ブラック）

28 バキシム（一角超獣ネイビー）

29 シーボーズ（亡霊怪獣ホワイト）

30 ニセウルトラセブン（ロボット超人ホワイト）

31 グドン（振動触腕ダークブラウン）

32 アストラ（L77星レッド）

31のグドンは餌でもある10ツインテールと同時発売しました。ペアルックで妻はグドン、夫はツインテールとか面白いでしょ？（笑）。シンプルに見えて、遊び心は随所に入れている。例えばテレビがモノクロの時代に放送されていた「ウルトラQ」のTシャツは、怪獣の色もモノクロにしている。48M1号、51ケムール人、34異次元列車、13ガラモン辺りがそう。苦労したのは40のプリズ魔かな。帰ってきたウルトラマンに出てくる光怪獣で水晶の原石のようにピカピカしている。そんな"発光感"を出すのに、プリント屋さんと何度も話し合いましたもん。実は職人の技術が光っている、という1枚でもある。

33ギエロン星獣（再生怪獣ミカドイエロー）

34異次元列車（理想世界ブラック）

35タッコング（オイル吐きバーガンディ）

36ジャミラ（せい星メロン）

37ピッコロ（わんぱくバーガンディ）

38ゴモラII（シャノンビームスミカラー）

39バードン（火山怪鳥バーガンディ）

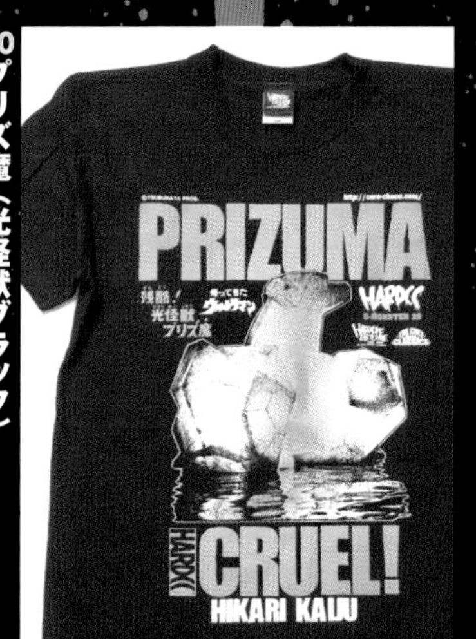

40プリズ魔（光怪獣ブラック）

41ウー（伝説怪獣ナチュラルカラー）

42 メトロン星人（幻覚宇宙インディゴ）

43 チブル星人（アンドロイド0ライトグレー）

44 ガメロン（ゼニガメブラック）

45 ベムスター（カニ星雲スミカラー）

46 ノーバ（円盤生物ブラック）

47 ウルトラマンギンガS 決戦！ウルトラ10勇士!!

48 M1号（カモメブラック）

49 ガッツ星人（暗殺ミックスグレー）

50 メフィラス星人（悪質宇宙人ブラック）

51 ケムール人（誘拐怪人ブラック）

52 ウルトラマンキング（長老マットパープル）

53 テレスドン（地底ダークブラウン）

54 ジラース（襟巻きスミカラー）

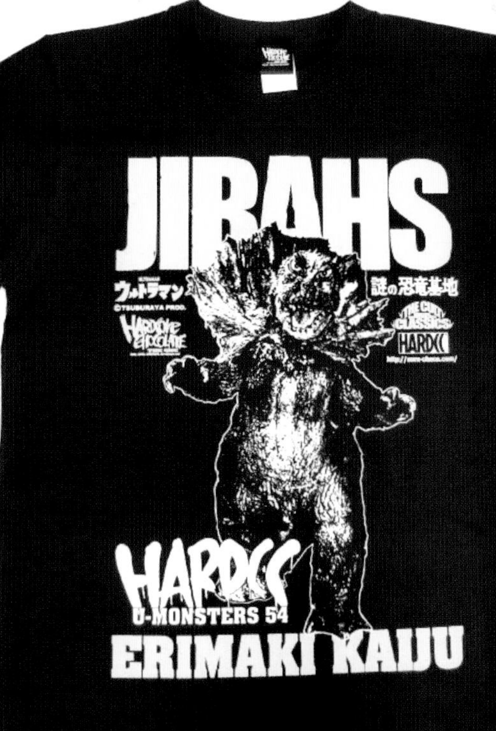

Special effects 特撮

石ノ森章太郎原作・東映制作という"最強タッグ"によるテレビドラマシリーズ「仮面ライダー」を筆頭に、アクション&映像美で世の子供、大きなお兄ちゃんたちを魅了した"特撮"。世代を超えて愛されるTシャツ群がココにある！

01 仮面ライダーV3（ハリケーンホワイト）

02 仮面ライダーアマゾン（コンドラーアイビーグリーン）

03 魔神提督（南米支部ブラック）

01新たな悪の組織デストロンに立ち向かう仮面ライダーシリーズの第二作目、最高視聴率38%を記録した国民的ライダーのV3。Tシャツを作る際のボディ選びで、赤にするか、緑にするか何度もデザイン・レイアウトを組み直すも、結果カッコよくならない。V3の魅力を発見する作業の中で気づいたのは、どのライダーにもない"白い襟"。この風に揺らめく襟があるのとないのでは全然違う。だったら白いボディにグラデーションを……と思って試したら最高に良くなった、自分でも天才的な色分けだと自画自賛。

02当時の歴代仮面ライダーの中でも1番インパクトがあったのは、'74年放送の「仮面ライダーアマゾン」に他ならない。古代インカの秘術によって改造された野生児が、怒りで変身して戦うというぶっ飛んだ内容。Tシャツでもキモになったのは、必殺技の「大切断」の文字。これも俺の手描きで、千葉真一主演の「直撃地獄拳 大逆転」のロゴをモチーフにしている。この大切断の文字のところに血しぶきを散らしているのが良い。

04 アポロガイスト（GOD秘密警察ホワイト）

05 がんがんじい（軍艦ライトグレー）

06 仮面ライダーX（海洋ライトグレー）

07 仮面ライダーアマゾン 山本大介（ギギの腕輪ブラック）

08 キングダーク（RSブラック）

09 ジェネラル・シャドウ（デルザーホワイト）

10 仮面ライダースーパー1（ファイブハンド・ブラック）

11 仮面ライダー　スカイライダー（筑波アイビーグリーン）

12 仮面ライダー　ストロンガー（電ショックブラック）

13 ライダーマン（復讐の鬼ブラック）

14 仮面ライダーV3　風見志郎（改造人間ブラック）

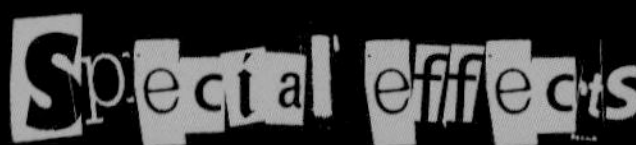

15 ドクトルG（カニレーザーブラック）

16 モグラ獣人（獣人ブラック）

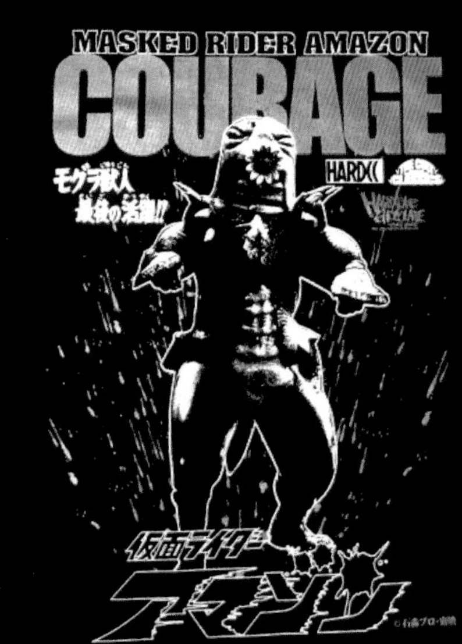

17 十面鬼（ガガの腕輪ブラック）

18 神敬介（マーキュリーブラック）

19 アクマイザー3 (THE JUSTICE THREE MUSKETEERS)

20 大鉄人17 (DAITETSUJIN17)

21 初代 麻宮サキ ―スケバン刑事― (斉藤由貴)

19かつて人類に「悪魔」と呼ばれ、地底へと追いやられた3人が、組織から抜け出すために戦う「アクマイザー」。'75年放送で、このヒーローっぽくないルックス、物語設定の暗さ。なぜか幼少期にしびれちゃったんです(笑)。Tシャツも各々のカラーを使いたいけど、予算の都合もありシルクスクリーン版は2枚だけ。キャラクターは白で、あとは刷る時に3色のインクを使いグラデーションに。最初はしっかり色が出るか不安だったけど、職人さんの技術のお陰でバッチリ。以降もグラデーションを使ったデザインは何度もやっていて、その最初といえるコアチョコの代表作のひとつ。20 '77年、意思を持った変形巨大ロボ・ワンセブンが人類を滅ぼそうとする超コンピューター・ブレインと戦う特撮ドラマ。マイナーな部類ではあるものの、個人的に超合金を持っていたから是非やりたかった。ただ課題はTシャツの中で"鉄人感"をどう出すか。周りを囲んでいる月や雲は、実は東映が用意した素材ではなく、こっちが個人的に集めたもの。自分でも鉄人感が出たな、と満足している。21 '85年、昭和のセーラー服×アイドル×ケンカという異色の設定で、日本に大ブームを巻き起こした「スケバン刑事」。斉藤由貴、南野陽子、浅香唯を一気にスターにした名作。版権を持つ東映から許可をもらい、斉藤由貴さんにオファー。難しいかな……と思ったら簡単に許諾が下りたので斉藤さんの懐は深いですよね。発売したら売り上げが好調だったので、シリーズ化したかったけど、諸事情により断念。

22 超神ビビューン（WISDOM, COURAGE AND POWER）

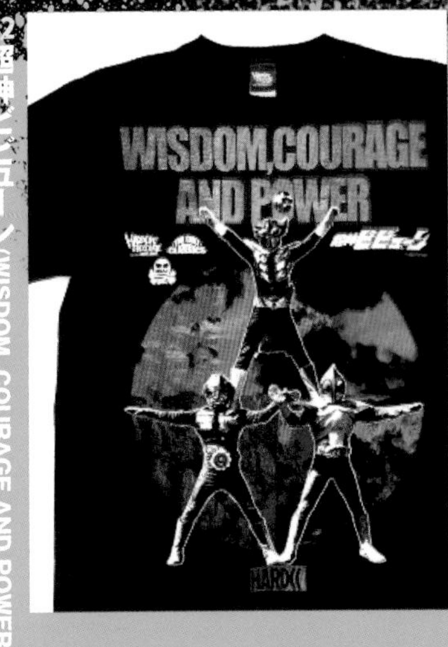

23 超人バロム・1（BAROM 1）

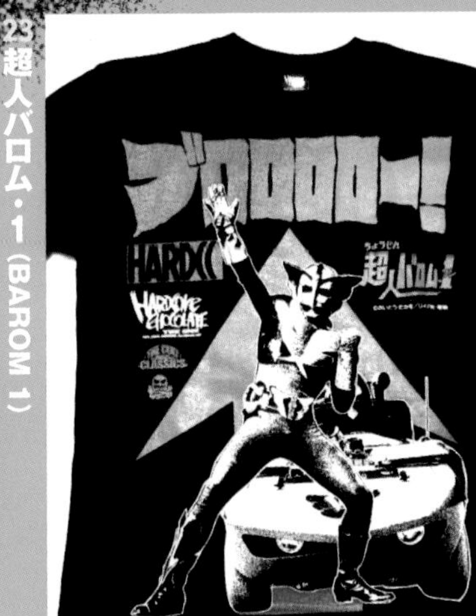

24 忍者キャプター（NINJA CAPTOR）

25 秘密戦隊ゴレンジャー（カシオペアホワイト）

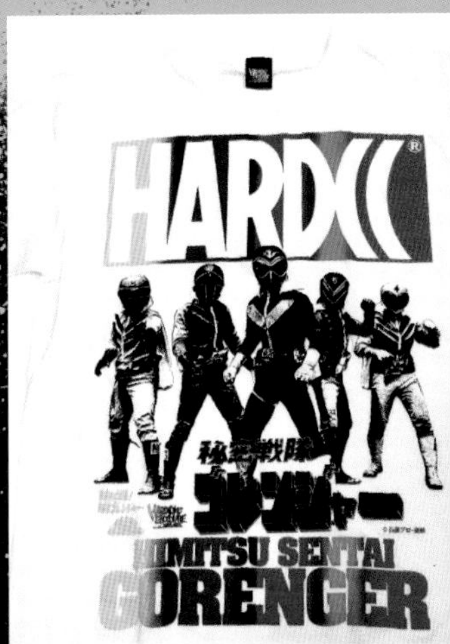

26 宇宙刑事ギャバン 一条寺烈（蒸着ホワイト）

27 宇宙刑事ギャバン（レーザーブレードブラック）

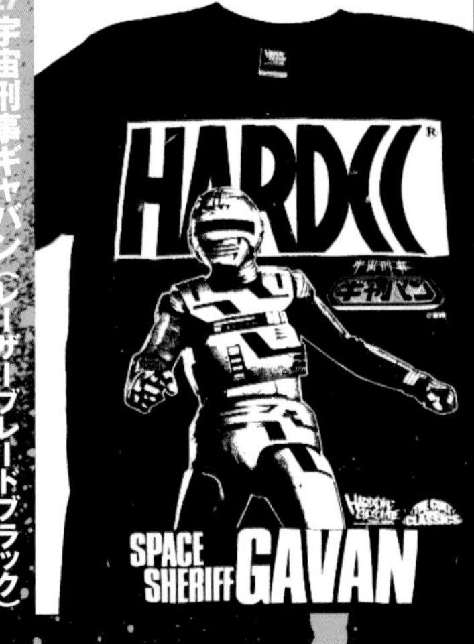

28 宇宙刑事シャイダー（バビロスロイヤルブルー）

29 宇宙刑事シャリバン（マグナムチョップバーガンディ）

30 恐竜大戦争アイゼンボーグ（アイゼンクロスホワイト）

27仮面ライダー、スーパー戦隊とは異なるコンセプトのもとに生まれたメタルヒーローシリーズの第一弾「宇宙刑事ギャバン」。29シャリバン、28シャイダーと出していく中でも、26のギャバンの変身前の一条寺烈を出すのはウチだけだと思う。30の「恐竜大戦争アイゼンボーグ」も思い入れが強い。キャラクター部分はアニメ、恐竜や巨大ヒーロー場面は特撮実写という印象的なスタイルで当時の少年たちを熱狂させた円谷プロの異色作。日本ではあまり評価はされなかったけど、フロント部分の上部にアラビア文字を入れたら、わざわざ中東の人が東中野の店まで買いにきたのが嬉しかった。

31 イナズマン（INAZUMAN）

32 キョーダイン（KYODYNE）

33 グリッドマン（電光超人アッシュ）

34 コンドールマン（CONDOR HURRICANE）

35 ザ・カゲスター（STOP THE SATAN EMPIRE）

36 プロレスの星 アステカイザー

37 レッドマン（赤いあいつ）

38 快傑ズバット 早川健（ズバッカーブラック）

39 快傑ズバット（HELL OF ZUBAT）

40 ハカイダー（悪魔回路ブラック）

41 人造人間キカイダー（KIKAIDER）

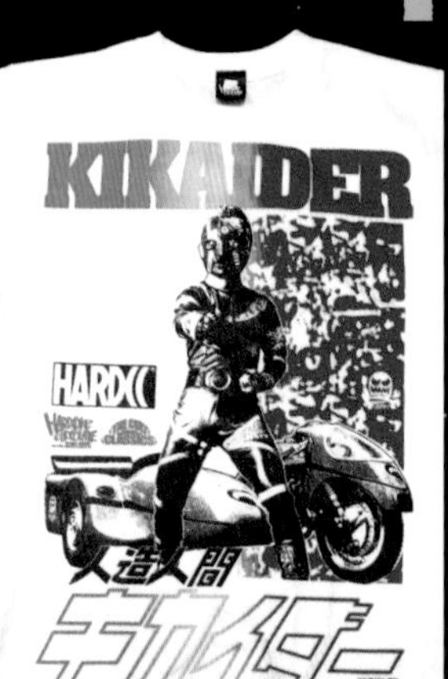

42 キカイダー01（ブラストエンド・ブラック）

43 快獣ブースカ（バラサバラサゴールド）

44 恐竜戦隊コセイドン（コスモ秘帖ブラック）

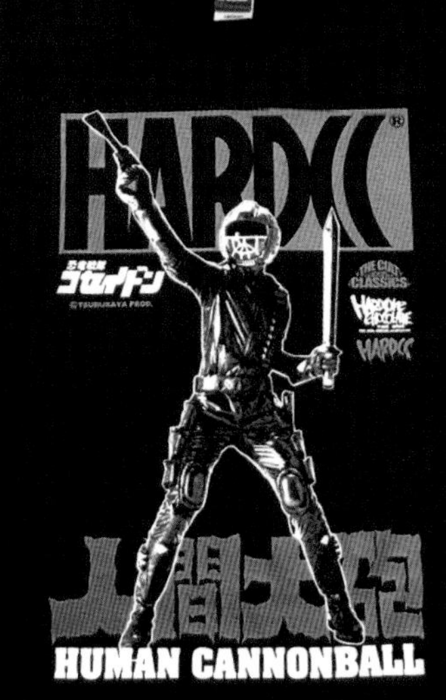

45 恐竜探検隊ボーンフリー（DINOSAURS CATCHER ライトグレー）

46 変身忍者 嵐（HENSHINNINJA ARASHI）

47 がんばれ!! ロボコン（ロボ根性バーガンディ）

48 バッテンロボ丸（ランガロインディゴ）

49 ロボット8ちゃん（ロマンス回路ブラック）

50 ロボット110番（ガンガラガンちゃんオレンジ）

設立20周年記念イベント「ハードコアチョコレートフェス」

―殺戮の20周年― 潜入記

コアチョコは集客率の高いイベントを数多く開催している。例えば映画史に残る“迷作!?”をオールナイトで上映する「コアチョコ映画祭」や、プロレス、AV、宗教などの映像を流す「コアチョコデスマッチ」まで。そして'19年10月9日には、東京渋谷区の大型ライブハウス・TSUTAYA O-EASTにて、設立20周年を祝う「ハードコアチョコレートフェス ―殺戮の20周年―」を開催！ ブランドにゆかりのあるお笑い芸人、アイドルグループ、ロックバンドなどが登場した！ コアチョコファンで埋まった会場の熱気をご覧あれ！

オープニング

開始時刻と共に、飛び出してきたのはアンダーグウランドで活動する地下芸人たち！ 中には一斉を風靡した長州小力までいたからビックリ！

猫ひろし

そしてネタを披露するのは、'16年リオデジャネイロオリンピックのマラソンカンボジア代表にして、正真正銘のカンボジア人に国籍を変えたピン芸人の猫ひろし！ ギャグ100連発を怒涛のように披露し、さらに履いていたオムツを観客の皆様にプレゼント！

完熟フレッシュ

公私にわたってコアチョコのTシャツを着てくれている、親子漫才でおなじみの完熟フレッシュが登場。ちょっとダラしないお父さんに、キレ者な娘のツッコミが冴えわたり、会場は爆笑の渦に！

超新塾

さらにコアチョコの代表MUNE氏と、駆け出しの頃からの親友という"超新塾"が登場。メンバーが6人まで増え、他では絶対マネできないロックンロールコントを披露！観客席にいるMUNE氏の胸いっぱいといえる表情も印象的だった。

BILLIE IDLE®

会場中央のステージでは、トップバッターに「BILLIE IDLE®」が登場。昨年末に惜しくも解散してしまったが、アイドルシーンでは伝説といえるメンバーが多く、そのノリのいい楽曲、ルックスの可愛らしさには脱帽……。コアチョコに一切関係ないファンまで踊り狂っていた！

キノコホテル

二番手に登場したのは、今年メジャーデビュー10周年を迎えた女性4人組ロックバンドの「キノコホテル」。ボーカルを務めるマリアンヌ東雲は、コアチョコのモデルも務めたことがある。演奏もさることながら視覚的にも楽しめる演出も多く見られた"実演会"で会場を熱狂させた。

柳家睦とラットボーンズ

セミを飾るのは、サイコビリーズ、パンクス、スキンズ、さらに女性ダンサーも加えた12人以上の編成バンド「柳家睦とラットボーンズ」だ。“反逆音楽革命集団”という異名どおり、ジャンルに捕われぬ楽曲の数々で観客を魅了。MUNE氏が「インディーズの帝王」と称するのも納得のライブパフォーマンスだった。

人間椅子

そして最後に登場するのは、’80年代末、TBSの深夜枠で放送された「いかすバンド天国」出身で、「バンドブーム」を駆け抜け、30周年を迎え現在は海外からも熱い注目を浴びるロックバンド「人間椅子」！ 重厚なサウンドに文学的な歌詞——。唯一無二の貫禄で、このイベントを見事に締め括ってくれた。

エンディング

ラストは出演者とお客さんでパチリ

会場にはあんな人やこんな人も

Tシャツ販売ブースは大行列

others その他

"Tシャツ界の悪童"は超雑食だ。ゲーム、野球、サッカー、アイドルにバンドまで、枠に囚われぬジャンルに挑戦し、その裾野を広げ続ける。最後のコーナーは異色作を紹介していく!

01 スペースインベーダー(1978ブラック)

01「ブロックくずし」「スペースインベーダー」など、数多の社会現象となった作品を世に送り出してきたゲームメーカーのタイトー。SNK(112ページ参照)の作品を発表した後に、タイトーの社内にもウチのファンがいたようでコラボが実現。ゲーム画面を表面に使いがちだけど、それは少し考えがチープ。裏面では「HARDCC」のボックスロゴを崩しているイメージ。03の「アルカノイド」も同じ手法です。

02 たけしの挑戦状(あなたのためならどこまでもブラック)

ゲーム

02ビートたけし監修で、伝説のクソゲーとして知られる「たけしの挑戦状」。ゲーム画面を使った他ブランド商品はあれど、パッケージにもCMにも御本人出ていたのに、なぜ使わないの? ということで、ウチはたけしさん本人。ただ、タイトーさんにあまり素材がなかったので、当時のチラシやポスターなど色々探して選んだ1枚がコレ。

03 アルカノイド（スペースウォール・ネイビー）

04 影の伝説（魔笛ブラック）

05 リュウ —DAYS OF FUTURE PAST—

06 キャミィ —DAYS OF FUTURE PAST—

07 豪鬼 —DAYS OF FUTURE PAST—

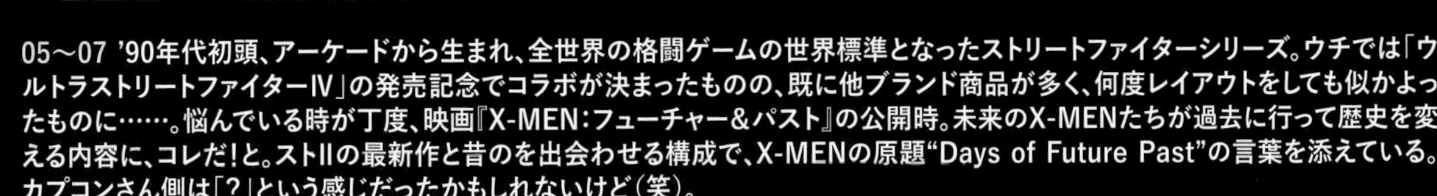

05～07 '90年代初頭、アーケードから生まれ、全世界の格闘ゲームの世界標準となったストリートファイターシリーズ。ウチでは「ウルトラストリートファイターⅣ」の発売記念でコラボが決まったものの、既に他ブランド商品が多く、何度レイアウトをしても似かよったものに……。悩んでいる時が丁度、映画『X-MEN：フューチャー＆パスト』の公開時。未来のX-MENたちが過去に行って歴史を変える内容に、コレだ！と。ストⅡの最新作と昔のを出会わせる構成で、X-MENの原題"Days of Future Past"の言葉を添えている。カプコンさん側は「？」という感じだったかもしれないけど（笑）。

08 THE BATTLE OF SNK
（1975シティグリーン）

09 激突！ –THE KING OF FIGHTERS '94–
（KOF'94 拳皇ブラック）

10 World's Hardest SNK（新日本企画ホワイト）

11 SAMURAI SPIRITS サムライスピリッツ –覇王丸–
（旋風裂斬バニラホワイト）

12 ATHENA –アテナ–
（ペガサスの翼ラベンダー）

13 MAXIMUM TEAM BATTLE –THE KING OF FIGHTERS '95–
（KOF'95 格闘天王ブラック）

others

「餓狼伝説」「龍虎の拳」「キング・オブ・ファイターズ」など、対戦格闘ゲームで一世を風靡したSNK。俺の中では、初期の看板タイトルと言えば「怒」。「俺が生き残るためなら相棒でも倒す!」をキャッチフレーズに男汁全開でゲームセンターを熱くさせた名作。ほかにも「NAM-1975」「ゲバラ」など戦争を舞台にしたアクションゲームがあり、1枚にまとめた08“殺戮全史”という作品に。デザインを提出した時、SNKさんの上層部は最初難色を示したそうで、担当さんがどうにかゴリ押して通してくれた。お陰様で売り上げ好調になり、11「SAMURAI SPIRITS サムライスピリッツ –覇王丸–」のような血しぶきのある表現も受け入れてくれた。特にこの11はボディカラーもただの白ではなく、“バニラホワイト”にしている。やっぱり袴、着物、柔道着等はくすんだ白だから。覇王丸の感じを出せたと思う。実はSNKさんは“外注デザイナー”として、オフィシャルTシャツのデザインも担当。コアチョコからのリリースでは無いけれど、ファンは是非そっちも見てほしい。

14 ソニック・ザ・ヘッジホッグTシャツ（音速ロイヤルブルー）

15 コアチョコ×シェンムー

16 コアチョコ×セガ・ハード・ガールズ（SEGA'S NOT DEAD）

17 コアチョコ×セガ・ハード・ガールズ（SEGA HARD EXPENDABLES）

18 コアチョコ×スペースハリアー

19 コアチョコ×ファイティングバイパーズ

「メガドライブ」「セガサターン」「ドリームキャスト」等、“真のゲーム好き”に愛され、数多のセガっこを生み出したSEGA。コラボが決まり、やはり同メーカーの看板キャラクターの14は外せない。実はセガ側から頂いた素材は、現在のリニューアル後のソニックで、これが足が長かったり、ちょっと違う。AIデータも平面的なものばかりだったので、メガドライブ版のパッケージに使われる“立体感”溢れるソニックを使わせてほしい、とお願いした。細かい点を出して立体感を強めて、ボディカラーもソニック色。英語と中国語を混在させるなど、セガ愛に溢れた1枚になっている。

その他

20 バーチャファイター・アキラ（鉄山靠ブルー）

21 バーチャファイター・ジャッキー（ノーザンライトボムイエロー）

22 コアチョコ×忍 –SHINOBI–

スポーツ

01 阪神タイガース×ハードコアチョコレート（トラッキー）

02 阪神タイガース×ハードコアチョコレート（#1 鳥谷敬）

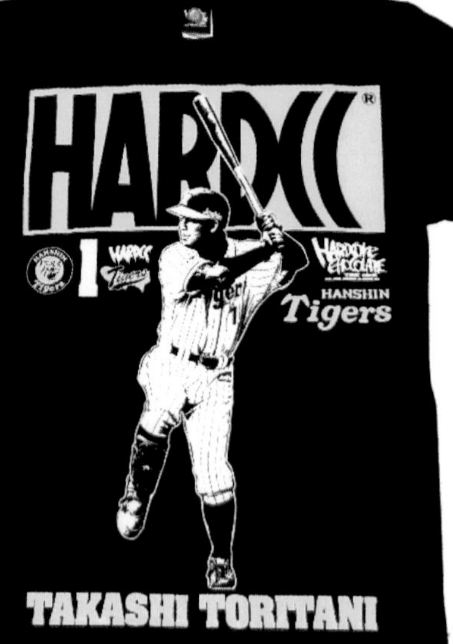

03 阪神タイガース×ハードコアチョコレート（#19 藤浪晋太郎）

others 01〜08コアチョコの店舗が大阪千日前にも誕生することになり、大阪のコラボを考えたら阪神一択。俺は東京出身ながら、根っからの反体制（悪者好き）なのか子供の頃から阪神ファン（笑）。阪神側から許諾が下り、最初は引退したレジェンド選手を想定するも、なかなか版権のハードルが高く現役選手で行うことに。選手全員は難しいから、エース候補の藤浪、守護神の藤川、生え抜きの鳥谷……05のマテオは外見がコアチョコに合いそうだな、という俺の遊び心で選びました。セールス的には、藤川が復調していたので好調。

04
阪神タイガース
×ハードコアチョコレート（＃22 藤川球児）

05
阪神タイガース
×ハードコアチョコレート（＃38 マルコス・マテオ）

06
阪神タイガース×ハードコアチョコレート（＃54ランディ・メッセンジャー）

07
阪神タイガース×ハードコアチョコレート（＃60中谷将大）

08
阪神タイガース×ハードコアチョコレート（HARDCCロゴ）

その他

09 鹿島アントラーズ×ハードコアチョコレート エンブレム（コアチョコ限定ミックスグレー）

10 鹿島アントラーズ×ハードコアチョコレート しかお（コアチョコ限定ネイビー）

11 HAWK EYE（シーザー武志）シュートボクシング×ハードコアチョコレート

others 09～10正直サッカーは無知といえるレベルで、鹿島アントラーズ側から依頼が来たときは一瞬やるか迷ったほど。担当者さんが上司を連れて店に来たら……その上司が俺の中学の同級生。同じクラスで、席も近くて。思わぬ形で再会し、結果としてコラボは2度行いました。極力コアチョコっぽい毒々しさは抑え気味にして、シンプルな構成に。完成後に鹿島スタジアムに試合を観に行ったら、全部の売店で売られていて、場内アナウンスもされ、ちょっと感動しちゃいましたね。サポーターが着て必死で応援しているのも良かった。

雑誌

01 月刊ムー ミステリーサークル（クロップサークル・ブラック）

02 月刊ムー オフィシャルTシャツ

03 月刊ムー 世界の16大不思議 ―Super Mystery16 Wonders of the World―

01『ムー』側に写真を持っている外国人を紹介してもらい、送られてきた無数の素材からチョイスしたのがコレ。中でも、一番宇宙感があったんだよね。ただ、この写真も本当は草刈りしている人が多数いたので、そこは画像処理で消したという（笑）。03「月刊ムー 世界の16大不思議」も好きで、ピラミッド＆スフィンクス、ネッシー、火星の人面岩、UFO、モアイ、ヒットラー生存説など、『ムー』を代表する16の不思議を並べたもの。実はTシャツ版の左端には三上丈晴編集長がいる。だけど、ガチ勢からは「不要！」と怒られたので、同じデザインでパーカー版を発売した時は差し替えている（笑）。ムーのロゴを“16”という数字に変えたり、こだわった1枚。

その他

others

「月刊ムー」シリーズはコアチョコの定番だけど、最初作らせてほしいと交渉に行ったときは、三上編集長に「前に編集部で月刊ムーとプリントしたTシャツを作ったら、読者プレゼントの応募も来ないし、編集部員さえも誰も着なかった。だから売れないと思うよ」と鼻で笑われる感じだった(苦笑)。でも、「売れる売れないはコアチョコで責任を取るから、許可はください」とお願いしたら大ヒット。以降、『ムー』の出版社にはライセンスの部署までできたらしい(笑)。お陰様で'19年に創刊40周年を迎えたときも大々的にコラボさせてもらったり、スカジャンを作ったり、お世話になっていますね。

その他

10月刊ムー オフィシャルTシャツ
2017限定（黄金伝説ラメゴールド）

11月刊ムー ―ナスカの地上絵―
（チャクラターコイズブルークラックプリント）

12月刊ムー 宇宙人 ―ALIEN―
（SPACE PLANETヘザーブラック）

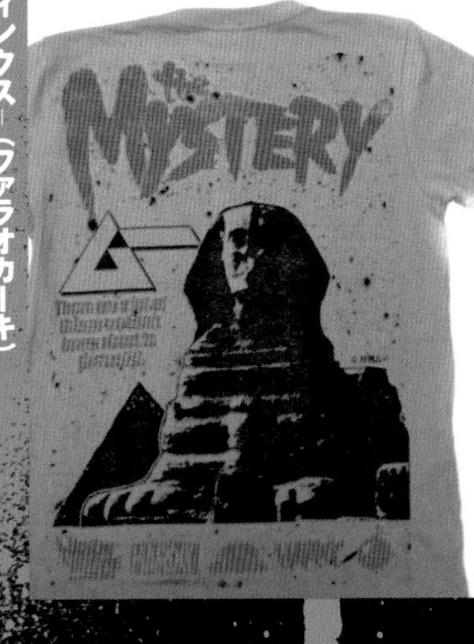

13月刊ムー 超不思議建築物 ―スフィンクス―（ファラオカーキ）

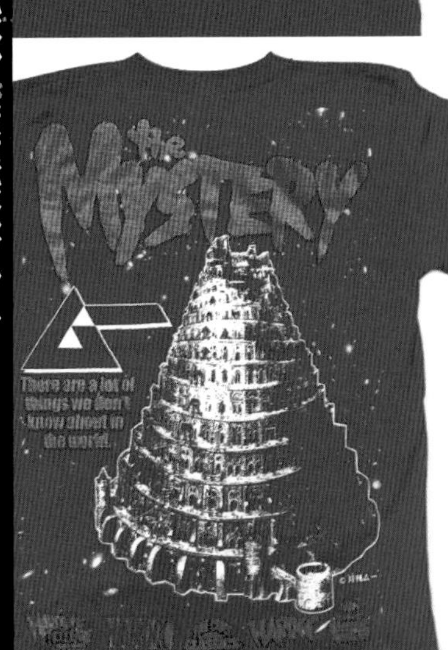

14月刊ムー 超不思議建築物 ―バベル―（東京バベルブルー）

15 月刊ムー　超不思議議建築物－モアイ－（オカルティズムブラック）

16 スーパー写真塾

17 日刊大衆×チャッキーズ∞インフィニティ　日刊大衆一周年記念リミテッドTシャツ

芸能・音楽

01 ハリウッド〝ゴキブリ〟ザコシショウ

others　01～03 ハリウッドザコシショウは“最強の地下芸人”と言われていた時代からの付き合いで、「あらびき団」出演でプチブレイクして、さらにピン芸人の祭典「R－1ぐらんぷり」で見事優勝。その栄光の前に、こんなTシャツを作っていた、という。中でも01のゴキブリは最高傑作の部類。ザコシ本人が「俺、ゴキブリみたいだからゴキブリ駆除のCM来ないかな～」とTwitterで呟いていたのを見て、俺がTシャツ制作を打診。徹底的に気持ち悪くしたいので、本物のゴキブリの裏の写真を使った（笑）。あとはとにかく気持ち悪い画像を合成、散りばめている。渾身の作品なのに、売れるのは03のフツーのものだったりする。まぁゴキブリってデカく書いてあったら着れないよね（笑）。

02 ハリウッド〝アシュラ〟ザコシショウ

03 ハリウッドザコシショウ

04 椎名ひかり×ハードコアチョコレート（コアチョコ限定ピカレイザーピンク）

04 雑誌『Popteen』のモデルとしてデビューし、サブカル文化のファッションアイコンとして知られる椎名ひかり。別名義で魔界からやってきた魔界人アイドル「椎名ぴかりん」としても有名で、コアチョコとのコラボは、そんな一面をフューチャーしたものとなった。「コアチョコもホラー映画も大好き！」という事なので、映画「ヘルレイザー」をモチーフに自由にやらせてもらった。生首が皿に盛りつけられ、ロゴも「ヘル・レイザー2」の日本語ロゴをオマージュしている。

その他

05 倉持由香 ―尻職人―(自画撮りブルー)

06 しず風&絆 ～KIZUNA～ ×ハードコアチョコレート(イエロー)

07 しず風&絆 ～KIZUNA～ ×ハードコアチョコレート2014(トキメイクカラフルブラック)

others

05「尻職人」の異名で人気の巨尻グラドル・倉持由香。これも着エロ系メーカーのプロモーションでコラボしたら、思った以上に売れた1枚。06～08名古屋発"素のままアイドル"のキャッチコピーのもとに、現在でも語り継がれるアイドルグループ。そんな彼女たちがゾンビ映画を紹介するムック本「語れ! ゾンビ」の表紙を飾るというので、俺がゾンビ好きだったこともありオファーがきたもの。06・07は本人たちが登場しないのもポイント。

08「語れ！ゾンビ」×しず風&絆×コアチョコ

09 大仲村帝国

10 仲村みう・ゾンビ壊滅部隊

09～12グラビアアイドルの登竜門「ミスマガジン」でミスヤングマガジンに選出され、'00年代後半に際どい露出のグラビアで人気を博した仲村みう。最初のコラボは10数年前、うちの奥さんがグラビア雑誌に関わっていて、マネージャーとも仲良くて「Tシャツできるよ」と聞き即オファー。09の「大仲村帝国」はグラビア撮影時に、わざわざコアチョコの写真のために時間を取ってくれた。スタジオに水着がズラーっと並び、ポージングもこっちが決めるという「いいのかよ!?」みたいな感じで。だから持参したチェーンソーを持たせて好き勝手に作らせてもらって。彼女は自己プロデュースの独創性が強いイメージがあったから、"帝国感"を出したデザインに。

その他

11 NAKAMURA TERROR（レッド）

12 NAKAMURA GRINDHOUSE

13 東京ダイナマイト／TOKYO DYNAMITE（エクササイズブラック）

14 BELLRING少女ハートの6次元ギャラクシー

others 13売れる前から大親友の東京ダイナマイト。彼らが新宿の「ルミネ theよしもと」で単独ライブをやる際に、作らせてもらった1枚。会場限定は白バージョンもある。これ二人の顔をコピーして「ビリッ」っと手で破って貼りつけたんですよ。

15 十四代目トイレの花子さん（精子ホワイト）

16 TOKYO SHOCK BOYS STILL ALIVE!（電撃ネットワーク×ハードコアチョコレート）

15アイドル、パフォーマーでもある「十四代目トイレの花子さん」。"4時44分44秒に4階女子トイレ、4番目の個室で首切り自殺した小学生の妖怪"という設定だから、事前打ち合わせで本人に「バラバラにして便器につっこんでいい？」と確認取ったという。貰った普通のアーティスト写真を解体する作業は面白かった（笑）。バックプリントは新聞や広告を、脅迫状的に切り抜いてスキャンしたもの。

その他

17 人間椅子×ハードコアチョコレート2016（コアチョコ限定カラー）

18 人間椅子×ハードコアチョコレート2017 異次元からの咆哮（コアチョコ限定ピンク）

19 PredatorRat×ハードコアチョコレート（コアチョコ限定ブラック×レッド）

20 キネカ大森×ハードコアチョコレート kineca35mm

others イカ天から活動30年を超えて、現在は海外でも人気の高いロックバンド「人間椅子」。バンド側の要望は“昔から使っているロゴにしてほしい”だったけど、メインに据えたらあまりにもオフィシャル感が強くなってしまった。だから、また手描きですよ。人間椅子のメンバーの反応は心配だったけど、でもデザイン見せたら「いいじゃん」と納得してくれたのは嬉しかった。気に入ってくれたのか、この前の海外公演時のポスターにも俺の描いたロゴを使ってくれていました（笑）。 20老舗映画館「キネカ大森」の設立35周年時にオファーを貰いました。キネカには“猫のキャラクター”がいるので、ウチのドクロから顔を覗かせてみた。このロゴを猫耳にする案もあったけど、安易過ぎてやめました。

コアチョコTシャツ全仕事 2003-2019

2020年6月6日　第1刷発行

著者　MUNE

発行人　稲村貴

編集人　平林和史

発行所　株式会社 鉄人社

〒102-0074 東京都千代田区九段南3-4-5 フタバ九段ビル4F
TEL 03-5214-5971　FAX 03-5214-5972　http://tetsujinsya.co.jp/

構成　加藤カジカ

デザイン　鈴木恵（細工場）

印刷・製本　株式会社 シナノ

ISBN978-4-86537-190-1　C0077